Satchin Panda

[美] 萨钦 · 潘达 著

徐璎 董莺莺 徐扬歌 译

昼夜节律的密码

减肥，优化体质，改善睡眠

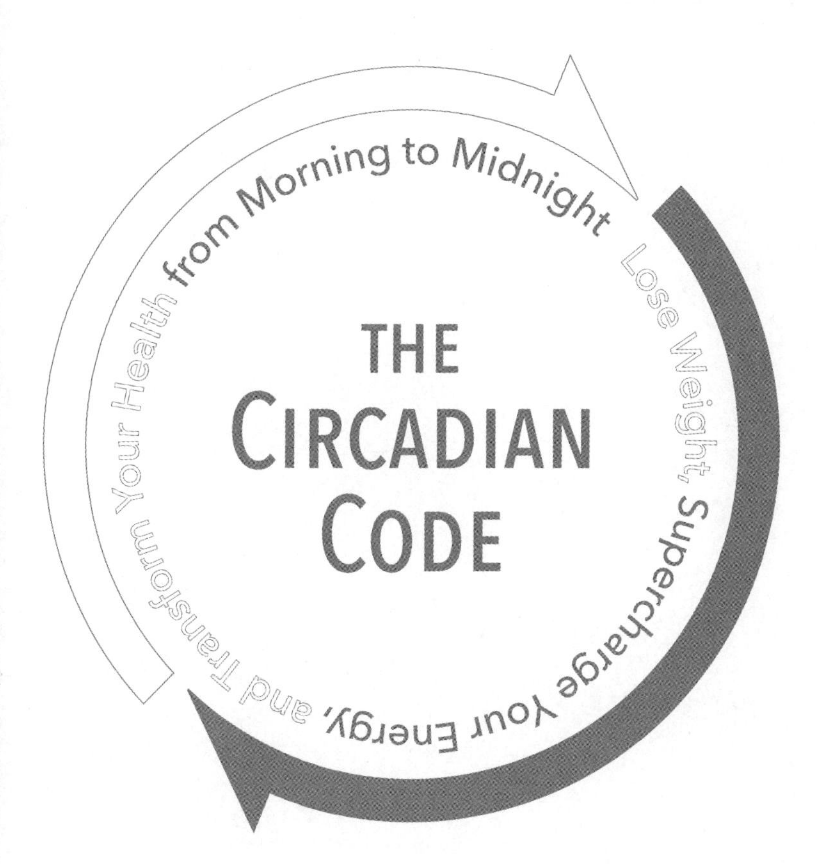

南京大学出版社

致我亲爱的祖父母，

班查尼迪和乌尔巴希·潘达

(Banchhanidhi & Urbashi Panda)

卡尔帕塔鲁和莉拉巴蒂·奥塔

(Kalpataru & Leelabati Otta)

序　言

刘德培

（中国协和医科大学教授，中国工程院院士，北京市科学技术协会主席）

昼夜节律是众多生物节律的一种，也就是人们常说的“生物钟”。几乎所有的生物，在地球24小时昼夜自转的驱动力下，将生存环境的律动在生命体中反映出来。时至今日，人们已经知道生物钟就印记在自身的遗传信息之中。在各种细胞组织中，日复一日周而复始的生物节律演化，产生了精密的生物钟。主时钟位于大脑视交叉上核（SCN）的核团，利用电信号、多肽、激素等将环境的时间信号通过神经、体液的变化传递给心、肝、脾、肺、肾等外周钟，使得周围组织与环境同步化，如同齿轮一样地相互作用，协调着身体各部分的运转，确保身体的生理、生化、行为准时有序地运行，使机体按照时间改变来确定其行为的优先性，使体内的时间与天文时间保持一致。

早在四千年前，尧帝时期的百姓就一边击壤一边歌唱：“日出而作，日入而息。凿井而饮，耕田而食。帝力于我何有哉?”意思是，太阳出来就该耕作，太阳下山可以回家休息。喝着凿开的井水，吃自己耕种的粮食，日子逍遥自在，谁还羡慕帝王的权力？这是早年的人们期望按照天文时钟过着天人合一的惬意生活。千字文中“日月盈昃，辰宿列张”更准确地反映日间变化的规律。然而，时过境迁，目前人类太多地利用自己的能力去改造自然，就像空调让人们挣脱了四季的变化，各种轮替班工作又致使人们不分昼夜，电灯的发明让我们的黑夜如白天，晚上各种闪烁的电子屏幕更成为生物钟的强力杀手；更有甚者，飞机随意地将人们送往完全不同的时区，而火箭载人更将人类送到地球以外的太空。凡此种种，这些环境改变足以让人们的生物钟发生紊乱。

此外，遗传因素、机体衰老等也会导致生物钟与环境钟的不同步。遗传因素主要是指与生物钟有关的基因突变，导致生物钟走得更快或更慢，幅度更高或更低；而衰老可能是生物钟基因在分子水平的表观修饰随着年龄的增长发生改变，从而导致机体生物钟与环境天文钟步调不一致。人的生物钟一旦出现紊乱，人们可能会出现睡眠障碍、情感异常、代谢紊乱、免疫失调以致肿瘤、心血管疾病发病率增高等一系列健康问题。

面对环境、遗传、衰老带来的生物钟的破坏，人们又该如何应对呢？潘达博士是世界最顶端的生物节律研究专家之一，他所倡导的“用生理时钟养好健康”的理念——在合适的时间运动，在合适的时间饮食，以及在合适的时间睡眠，其本质不仅是对人体生物钟的一种优化调整，同时也是一种精准医疗的非药物干预措施。

本书原著既是一部构筑在复杂的分子生物钟原理及生化反应基础之上的综合性的科学读本，也是一部通过对时间的有效管理来指导个体健康的使用指南。徐璎教授的中译本，更使本书具有非凡的可读性、实用性及可操作性。读者不妨依循书中所提的8小时限制饮食+7小时睡眠+持续12周的作息原则，加以自我调整，活出四维健康来：无病无弱，身心健全，社会适应，环境和谐。

目　录

第三部分　优化昼夜节律健康

前 言

有节奏，并与环境同步化，就可以获得健康。但并非任何节奏都可以。

细菌理论及其在卫生、疫苗接种和抗生素方面的相关突破，是上个世纪具有跨时代意义的健康领域发展。它可以预防传染病，人类因此迎来了历史上寿命增长最快的一个世纪。然而，寿命增长并不总是意味着活得更健康。事实上，我们正目睹着从幼儿期开始一直持续到老年的身心慢性疾病的快速增长。幸运的是，我们开始了解起因：我们的现代生活方式正在打破一种根深蒂固的、原始的、普遍适用的健康准则。

在过去的二十年中，我与我的同事和其他昼夜节律生物学领域的研究人员所做的观察，从根本上改变了我们对身体和内心最佳运作方式的理解。昼夜节律科学涉及多学科领域，研究人员包括生物学家、运动生理学家、数学家、心理学家、睡眠研究人员、营养学家、内分泌学家、眼科学家、遗传学家、肿瘤学家等。我们已经通过共同努力发现：简单轻松地调整我们的时间安排和生活方式是恢复我们节律的秘诀，这必将是医疗保健领域的下一场革命。我邀请你通过我自己的研究以及在上述各个领域中的才华横溢的研究者们的工作来了解现在已经发现的成果。我把这称为“昼夜节律密码”（circadian code）。通过学习，你对睡眠、饮食、工作、学习、锻炼和照亮自己房屋的方式做出的微小改变将对你健康的各个方面产生深远的影响。事实上，你将收获比任何药物或特殊饮食更有效、更持久的益处。

你可能听说过昼夜节律（circadian），2017 年的诺贝尔奖因其对人类健康的影响而认可了这一研究领域。但如果你尚未听说过昼夜节律，请不要担心。这个概念很简单。“昼夜节律”一词来自拉丁语 circa（意为“大约”）和 diēm（意为“天”）。昼夜节律是每一种植物、动物和人在一天中所表现出来的真实的生物过程。这些节律实际上存在于几乎所有物种内，相互关联，并受内部生物钟的控制。如你将会了解到的，几乎我们的每个细胞都包含一个这样的时钟，并且每个时钟都被设定在白天或晚上的不同时间开启或关闭数千个基因。

这些基因影响着我们健康的方方面面。例如，当我们健康的时候，我们可以有一个良好的睡眠。早晨，我们醒来时感觉精神饱满、充满活力，并准备好开始工作。我们的肠道功能完全正常。我们有健康的饥饿感和清醒的头脑。下午，我们有精力去锻炼。晚上，我们已经很累了，可以不费劲地进入睡眠状态。然而，当这些日常节律在短短的一两天内被干扰时，我们的生物钟就无法向这些基因发出正确的信息，我们的身体和大脑就不能像我们需要的那样正常运转。如果这种干扰持续几天、几周或几个月，我们可能会患上各种类型的感染和疾病，从失眠到注意力缺陷多动障碍（ADHD）、抑郁症、焦虑症、偏头痛、糖尿病、肥胖症、心血管疾病、痴呆甚至癌症。

幸运的是，恢复昼夜节律是很容易的。我们可以在短短几周内优化我们的时钟。通过恢复昼夜节律，我们甚至可以逆转某些疾病或加速治愈速度，从而恢复健康。

我的科研历程：发现时间生物学的秘密

我出生于 1971 年，很幸运地在印度一个独特的历史时期长大。我亲身经历了迅速发展的现代社会是如何破坏生活之间的联系的，包括我们自己的生物节律。在整个童年时代，我住在外祖父母家附近的一个小镇中。我的外祖父曾在当地的火车站当过货物管理员，他经常上夜班。他们住的房子前门附近有一棵大茉莉花树。对我来说，那棵树很神奇：它在晚上盛开很多花，而在黎明前会凋谢，就像铺了一条漂亮的地毯欢迎我的外祖父每天早上回家。

在寒暑假期间，我们会拜访我的祖父，他住在乡下的一个农场里。我的外祖父在火车站上轮班工作，而我的祖父在农场上过着与大自然同步的生活。尽管从一个地方到另一个地方只有两个小时的车程，但两者之间的反差似乎至少相隔一个世纪。在我童年的大部分时间里，他们的村庄都没有电，所以你可以想象，农场的生活和我家里的生活是非常不同的。我的亲戚们吃的所有东西基本上都是自己种植或饲养的。尽管我不记得祖父曾经戴过手表，但他们的日常生活是按照与太阳和星星同步的精确时钟来进行的。黎明时分，公鸡拉响了叫醒所有人的闹钟，人们一整天都在照料植物和动物以及准备饭菜上。我们采摘水果和蔬菜，或者帮我叔叔从农场的池塘里抓鱼。早餐和午餐是主餐，他们用新鲜采摘的蔬菜和刚抓到的鱼来准备盛宴。晚餐总是在日落之前进行，而且大多是午餐的剩饭，因为不可能在晚上储存任何熟食。晚上也很不一样，我们仅有的光线来自煤油灯。那时候煤油很贵，并且由政府定量供应。我的祖父母有一个比较大的房子，有六间卧室。除了两盏放在游廊两端的煤油灯整夜闪烁，我们只被允许在晚上使用几个小时的煤油灯。晚餐后，所有的孩子都会挤在一盏灯周围，我的母亲（她曾是一名教师）会让我们进行测验。有时我们的阿姨会一起给我们讲故事，或者我的叔叔会带我们去后院教我们识别月相。

我记得我提出要吃某些我喜欢在家里吃的水果或蔬菜时，我的表亲会给我一个奇怪的表情。对他们来说，我是一个不知道什么季节种什么蔬果的笨蛋。但他们不知道的是，我的父亲拥有农业专业的大学学历，他为祖父的农场引进了许多高产的树木、蔬菜和水稻品种。这些水稻品种中的一些甚至可以在夏季和冬季都生长，从同一片土地上获得的收益实际上翻了一番。在这种情况下，破坏事物的自然秩序似乎并不是一个坏主意。

我上初中的时候，我的父亲死于一场交通事故。一名卡车司机很可能因为睡眠不足而无法控制自己的车辆。多年后我才知道，缺乏睡眠的大脑比受酒精影响的大脑更危险。然而，即使在今天，在一夜未眠后开车也不算违法。

高中毕业后，我像父亲一样去了一所农业学校，这样在当时可以方便地在政府或银行找到一份稳定工作。每当我去祖父母的乡村时，祖父总是取笑我，问我是否可以破解自然的密码，以便他在任何季节都可以种植任何水果或蔬菜。这就激发了我去了解生物与季节时间之间联系的兴趣。

我还会去看望我的外祖父，当时他已经退休了。退休后仅仅几年，他就开始出现痴呆的迹象。外祖母像照顾婴儿一样照顾他。高年级时，我几乎每个周末都去看望他。我是他还认识的仅有的三四个人之一。他失去了白天黑夜的感觉；他会在任意时间感到饥饿、困倦，或是清醒。我开始注意到简单的时间密码在我们的日常生活中是多么重要。我大学毕业后没几天，他就去世了，享年 72 岁。

我在大学里主修植物育种和遗传学，成绩很好。我的下一步自然是攻读这些学科的硕士学位，但我很幸运获得了分子生物学硕士学位的奖学金，这在印度被称为生物技术（biotechnology）。分子生物学在当时是一个新的科学分支，它让我了解了遗传密码。

之后，我在金奈市（Chennai）找到了一份不错的研究工作，与 Bush Boake Allen（现在是国际香料公司）合作，为世界上几乎所有的主要食品公司生产调味剂和香精。我的第一个任务是弄清楚香草豆产生香味的化学反应。我参观了印度南部尼尔吉里山（Nilgiri Hills）的香草农场。我的房东会在凌晨两点将我叫醒，驱车前往田野，向我展示工人如何在香草花开后立即用手对每朵花进行授粉。尽管这份工作的薪水很高，但工人们讨厌几个月都要在半夜起来干活，到花季结束时他们就已经病得很重了。我想知道他们的病是对田间作物的某种反应，还是由于连续几个月的睡眠不足。随着杰弗里·霍尔（Jeffrey C. Hall）、迈克尔·罗斯巴什（Michael Rosbash）和迈克尔·杨（Michael W. Young）（他们共同获得了2017年诺贝尔生理学或医学奖）发表了他们开创性的研究成果，昼夜节律研究领域开始成为顶级科学期刊的头条新闻。

我不久就离开印度，前往加拿大曼尼托巴省温尼伯的研究生院。这在许多层面上都对我产生了深远的影响，最轻微的是从印度98华氏度（相当于36.2摄氏度）的天气转移到寒冷的温尼伯，那里冬天0华氏度（相当于−17.7摄氏度）的温度并不罕见。冬天的夜晚如此漫长，我的大脑一片混乱。这是因为文化冲击、温度冲击还是光线不足？我免疫学系的同学中，几乎有一半的人都感到情绪低落，他们称之为“冬季忧郁症”。漫长的温尼伯之夜对我昼夜节律和情绪的影响重新点燃了我对这一领域的兴趣。仅仅一个冬天之后，我就设法搬到了圣地亚哥。那是我将一生的所有问题和经验集中到一个研究领域的地方——我开始正式研究昼夜节律。

在过去的二十一年里，我一直致力于这项研究。作为加利福尼亚拉霍亚斯克里普斯研究所（Scripps Research Institute）的研究生，我致力于了解植物是如何感知时间的。最令人兴奋的部分是待在这个领域的前沿实验室。在那里我们第一次发现植物和动物都有生物钟基因。我们的工作涉及揭示这些时钟工作的奥秘。每一天都是激动人心的，就像每天晚上坐在你最喜欢的百老汇表演的前排一样。我是这个团队的一员，这个团队发现了特定的植物生物钟基因如何协同工作，告诉植物何时进行光合作用并吸收二氧化碳作为能量，以及何时进入睡眠或自我修复。我发现的一种植物基因可以使我们更好地了解生物钟、代谢和DNA修复之间的关系。

2001年，我应邀到诺华研究基金会（Novartis Research Foundation）新

成立的基因组研究所（Genomics Institute）从事动物生物钟的博士后研究。这所一流的研究所致力于利用新发现的人类和小鼠基因组来了解生物学。我去那里是为了解开昼夜节律生物学的奥秘。

我在第一年就取得了一个重要突破，发现了昼夜节律是如何适应不同季节或不同类型光线的。我的团队在视网膜上发现了一种难以发现的蓝光传感器，该传感器将光信号发送到大脑时钟，以告诉它现在是上午还是晚上。通过控制光传感器，我们可以弄清楚我们在什么时候需要多久、多少量以及什么颜色的光。这样我们就能提前或延迟我们的生物钟。这是一个巨大的发现，因为近一百年来，科学家们知道眼睛里有一个光传感器，但他们不知道它在哪里，也不知道它做了什么。这一发现被著名的《科学》（Science）杂志列为2002年十大突破之一，这也是为什么你的智能手机或平板电脑可以让你在计划的睡眠时间几个小时之前，将其背景颜色从亮白色更改为暗橙色的原因。

我们又花了七到八年的时间来确定这种光传感器的工作原理——它是如何将信息从眼睛传输到大脑，以及大脑的哪些区域负责接收这些信息来调节睡眠、抑郁、昼夜节律和疼痛。即使在今天，我仍然试图弄清楚光在多大程度上影响昼夜节律，以及现代照明是如何影响这一过程的。我很高兴看到我们的发现如何从简单的观察发展到被采纳，让十多亿人在短短十五年内意识到光对自己健康的影响。

研究的第二个方向是确定我们体内的时钟如何传递它们的计时信息，以及我们的器官如何读取时间以在特定时间执行不同的任务。我们开始使用非常现代的基因组技术来监测，有哪些基因在不同时间在各种器官里开启和关闭。这项研究始于2002年，此后我们又取得了另一个重大突破：发现大脑和肝脏中成百上千的基因在特定的时间开启或关闭。我们仍在将这些实验扩展到不同的器官、组织、大脑中枢和腺体。我们发现几乎每个器官都有自己的生物钟，每个器官的基因都会开启或关闭，从而我们可以在一天中预测不同时间蛋白质的生产水平。

在著名的索尔克生物研究所（Salk Institute for Biological Studies）建立自己的实验室之后，我与杰出的同事继续合作研究生物钟。我们现在知道，拥有可预测的昼夜节律就意味着拥有健康的身体。就像遗传密码中的突变会导致疾病一样，与昼夜节律相反的生活也会把我们推向疾病。在过去的几年里，我有幸与心血管疾病和代谢疾病领域的一些杰出人士合作，我们一起发现缺乏正常生物钟的动物更容易患上这些疾病。慢慢地，人们发现，生物钟被打乱是所有疾病的根源；反之，在大多数慢性疾病中，生物钟功能也受到了损害。

在 2009 年，我研究的这两个领域——光和时间融合在了一起。我们做了一个简单的实验，让小鼠处于一个特定的光暗循环中。[1,2]小鼠通常在夜间活动和进食。但在实验中，我们在白天给它们喂食，然后观察它们体内的生物钟发生了什么变化。出乎意料的是，我们发现几乎所有在 24 小时内打开和关闭的肝脏基因都完全忽略了光信号：小鼠在喂食的时候会去寻找食物。我们从这个实验中得知，食物驱动着肝脏的几乎所有节律。我们不再认为所有的时间信息都是通过眼睛的蓝光传感器从外界获得的，我们认识到，就像早晨的第一缕阳光会重置我们的大脑时钟一样，早晨的第一口食物也会重置我们其他所有器官的时钟。

在 2012 年，我们更进一步研究。我们想知道疾病是否不仅与饮食有关，还与昼夜节律的紊乱有关。数以千计的研究表明，当小鼠可以自由获得脂肪和含糖食物时，它们会在几周内变得肥胖并患有糖尿病。我们将一组可以自由摄取脂肪饮食的小鼠与另一组必须在 8 至 12 小时内吃掉所有食物的小鼠进行了比较。我们的发现是惊人的：每天在 12 小时或更少的时间内从相同的食物中摄入相同数量的卡路里的小鼠完全不受肥胖、糖尿病、肝病和心脏病的影响。更令人惊讶的是，当我们让生病的小鼠按照这个计划进食时，我们可以在不用药或改变饮食的情况下逆转它们的疾病。

最初，科学界对我们的发现持怀疑态度。传统观点认为，我们吃什么和吃多少决定了我们的健康。但慢慢地，相似的观察结果包括来自人体的研究结果开始从世界各地的实验室中得出。现在我们知道，除了吃什么和吃多少外，什么时候吃也很重要。许多重要的医学团体也注意到了我们的发现，并进行了文献综述，以了解进食时间是否重要。例如，美国国立卫生研究院（National Institutes of Health）、美国心脏协会（American Heart Association）和美国糖尿病协会（American Diabetes Association）等机构都和我一样，认为重新设定生物钟是我们预防或加速治愈慢性疾病的下一个最佳希望。2017 年，美国心脏协会发布了近七十年来的首份关于用餐时间和频率的建议，这佐证了我们的研究结果，表明饮食模式可以用来预防或减少心血管疾病。[3]

在我的研究基础上，这本书旨在为读者提供通过生活方式的简单改变来优化时钟的方法。人类面对的健康风险从未如此之高。今天，几乎三分之一的成年人患有至少一种慢性疾病，如肥胖、糖尿病、心血管疾病、高血压、呼吸系统疾病、哮喘或慢性炎症。到退休的时候，美国的成年人通常患有两种或更多种慢性疾病。慢性病几乎没有治愈的方法。完全恢复正常的糖尿病患者并不多。患有心血管疾病的人很少能恢复正常。我们只是有更好的方法来管理和应对这些疾病。

但现在改变了。在这本书中，我为读者提供了每天都可以使用的非常简单的想法和实践，这些想法和实践被证明可以预防或延迟疾病的发作。

关于我，你还需要知道一件事：我的科学研究是由美国政府支持的，因为有像你们这样诚实的纳税人和慈善家，我的研究才会蓬勃发展。如果这项研究能够激励一百万人做出这些微小的改变，并将一种慢性疾病的发生推迟一年，那么它预计可以为美国经济每年节省至少二十亿美元。这项研究是我送给你们的礼物，因为我对这个国家深怀感激。2001 年，作为外国人，我以 F-1 签证完成了博士学位。我很高兴能在 GNF 继续博士后研究，并且刚刚申请了 H-1B 签证。任何外国人都知道等待工作签证的痛苦。

然后“9·11”事件发生了。2001 年 9 月 12 日下午 5 点左右，GNF 的人力资源主管拿着一张纸走向我的办公桌。我最担心的是：政府肯定拒绝了我的 H-1B 签证。但相反，它已于当天早些时候就被批准了。那时我意识到这个国家也就是我的新家，一定很棒，因为在 9 月 12 日，当我在实验室因为无法接受前一天的“9·11”事件而无法专注于我的研究时，在东海岸的某个人实际上去工作了，查看我的申请并批准了它。就在那一天，我决定永远留在这个国家，并为这个国家效劳。这就是为什么我想和你们分享我的研究，我希望你们能从中受益。

本书的内容

调整生物钟不仅仅是节食。事实上，这根本不是节食。这是一种生活方式。首先要知道什么时候该吃饭，什么时候该关灯。只要注意你一天当中的一小部分，就会对预防和延缓疾病有很大的帮助。

你会发现，我们很容易被打乱昼夜节律。它所需要的只是一个晚上的飞行、一个糟糕的睡眠、疾病或一个破坏性的工作时间表而引起的最轻微的不安。昼夜节律密码可以成为一个强大的工具来管理你清醒的一天，无论你是父母，是孩子（尤其是青少年）、千禧一代，是退休人士、普通职工、轮班工作者或健康爱好者，都可以从中受益。如果你正在治疗一种或多种慢性病，则更需要阅读本书。不管你是谁，你都会知道什么时候是你一天中最好的吃饭、工作和锻炼的时间，以及如何管理晚上的时间，这样你就能得到最好的、最宁静的睡眠。

首先，这本书是关于预防的，但你也可以利用这些信息来使生活更美好。第一部分着重于确定人体的生物钟是如何工作的，以及为什么保持完美的生物钟对儿童和成人都至关重要。通往健康之路的第一步是确认你是否真的身体不适，这一部分包括一个简单的测试，看看你的健康状况是如何影响你的节奏的。你也将开始跟踪你的时间安排，以便看到需要进行调整的地方。

第二部分提供了有关如何更好地利用你的一天，以最大化地发挥自己的内在节奏作完整的说明。你会确切地知道什么时候吃（和吃什么），而不是吃多少。这个项目没有卡路里计算，但是我可以说，如果你遵循我建议的指导方针，那么体重的减轻几乎是顺其自然的。你将了解工作效率最高的时间，以及最佳的运动时间。你还将发现改善夜间睡眠的新技巧，以及可以增强和跟踪你所有体验的技巧。

随着年龄的增长，昼夜节律的紊乱对我们的影响比在年轻时更大。我相信影响我们成年期的大多数疾病都可以追溯到昼夜节律紊乱。第三部分讨论了特定的疾病及其与昼夜节律的关系。本部分涵盖癌症和其他免疫系统问题、代谢综合症（心脏病、肥胖症和糖尿病）的组成部分，以及包括抑郁症、痴呆、帕金森病和其他神经退行性问题在内的神经系统健康问题。你还将了解肠道微生物群是如何受体内节律影响的，以及如何处理胃酸反流、胃灼热和炎症性肠病等疾病。

我不是医生，所以我不能开药。我内心住着的科学家每天都在提醒我，我们对人体的运作知之甚少。但我可以非常肯定地分享我对这个强大的、原始的、不可避免的节奏的了解，包括有关优化日常工作的最佳建议。请与你的医生或其他保健医生分享这些关于优化我们昼夜节律的日常习惯的信息，以便他或她能够更好地决定治疗方案或行动方案。借助本书中提供的工具，你将很有可能使你的健康回到正轨。

第一部分

生物钟

第 1 章　我们都是轮班工作者

假如你是一个持卡轮班工作者，需要半夜醒来上班、深夜下班或者整夜保持清醒，那么你肯定知道对抗晚上想睡觉、白天清醒这些原始冲动是什么感觉。即使你不是轮班工作者，我相信你肯定记得某一个你与自身内部时钟斗争的时刻。事实上，我们都是轮班工作者。在生活中，我们总会经历慢性睡眠打断，而且大部分是因为习惯原因。如果你在学校或工作场所通宵活动，熬夜准备考试，睡不好觉，跨多个时区旅行，深夜保持清醒来照料病人，一晚上多次醒来喂奶换尿布，那么你也是轮班工作者。通勤时间长的全职工作再加上普通的家庭事务，就类似于只能在午夜睡觉的两班倒工作。即使是深夜聚会也和从一个时区到另一个时区一样具有破坏性：这就是为什么我们称其为“社交时差”（social jet lag）。

“我们都是轮班工作者”这种说法不仅仅是一个想法。数据表明这是事实。例如，慕尼黑的研究人员蒂尔·罗纳伯格教授（Till Roenneberg）对欧洲和美国的 50000 多人进行了调查，发现大多数人要么在午夜之后上床睡觉，要么醒得很早，睡眠都不够充分。[1,2]同样，人们在工作日和周末也遵循不同的就寝时间表。在 2017 年世界睡眠大会上，罗纳伯格展示了他的数据，表明大约 87%的成年人患有社交时差，周末一般会晚两个小时上床睡觉。

大约六年前，我的实验室开始监测近两百名大学生的活动和睡眠模式，我们发现了与罗纳伯格报道一样的模式。到目前为止，整个小组中只有一个人是在每天的差不多同一时间（不超过半个小时，包括周末）上床睡觉。另外有一个学生一周至少有两天时间在午夜之前睡觉。

我们也监测了孕妇和有婴儿的职场妈妈，她们的模式也非常不稳定。实际上，她们的模式与消防员最为相似，每个晚上她们总是要被唤醒几次。对于许多女性而言，孕产中最难的部分是与你的生物钟时刻对抗，从而能够在晚上保持清醒，并试图在一天中奇怪的时间睡觉。毫不奇怪，新妈妈唯一能够获得良好睡眠的时间，也就是在其配偶或伴侣、公婆或父母能够在晚上分享一些孕育工作的时候。

职场妈妈最艰难的就是需要将她们的生活与昼夜节律同步，因为她们的一天总是会受到家里其他人的影响。通常来说，职场妈妈很早就得醒来为家人准备早餐，为孩子们做好一天的准备，打包午餐袋和背包，送孩子上学或日托，然后开始工作。晚餐后，她们需要监督家庭作业，运动或深夜在家工作。当一周时间过去，她们的昼夜节律紊乱变得更加严重。例如，当我的女儿还是婴儿时，到星期五我的妻子就会生病，然后利用整个周末来康复。

无论是什么原因，我们都知道特别艰难的夜晚过后第二天的感觉。你会感到困倦，但无法入睡。你的胃部可能会不适，你的肌肉没有力量，你的头脑糊里糊涂，你当然没有心情去健身房。好像你的身体和大脑处于困惑状态——你一半大脑可能告诉你应该补充失去的睡眠，但另一半却坚持认为这是白天，你不应该睡觉。你可能会下决心继续喝一杯浓咖啡或能量饮料，以消除入睡的欲望，或尝试尽快恢复正常的生活习惯。

轮班工作的大脑无法做出理性的决定。根据《科技新世代》（Popular Science）杂志最近的一篇文章，[3]一个夜班可能会持续影响人一周的认知水平，这样所导致的记忆力或注意力的下降也可能使我们更容易养成不良习惯。几天的睡眠不足就会改变我们的食欲，当我们夜晚清醒时，无论是我们渴望吃的食物类型还是量的多少都会有所改变。通常，深夜时分，当我们的胃想要休息和修复时，我们倾向于吃更高卡路里的垃圾食品。

轮班工作制也会导致入睡困难。为了更好地入睡，有些人开始求助于饮酒或服用安眠药，这两者都会引发抑郁症。但更重要的是，它们都会令人上瘾，使我们养成不良习惯，即使我们的生活方式不再要求我们晚上保持清醒，这种不良习惯仍会持续下去。

轮班生活方式影响第二天我们的感受，更糟糕的是，我们的家庭成员在本质上是间接的轮班工作者，我们可能无意中也破坏了他们的睡眠。为了能够匹配我们疯狂的时间表从而与我们相伴，他们也总是醒得很早或者夜晚保持清醒。这对他们健康的影响同样令人担忧。例如，在 2013 年发表的一篇关于这个研究的论文中，研究人员发现：与非轮班工作者抚养的孩子相比，轮班工作者的孩子不仅有更多的认知和行为问题，他们的肥胖发生率也更高。[4]

虽然一两天熬夜到很晚或者在几个时区穿梭几天似乎只是让你感到不舒服，但由于你身体的每个系统开始失灵，反复打乱生物钟可能会对你的健康产生不利影响。它使得免疫系统变得如此脆弱，以致于通常不会引起任何麻烦的细菌和病菌会使你的胃部不适，甚至引起类似流感的症状。有充分的文献证明，轮班工作者比非轮班工作者面临更多的健康问题，尤其是胃肠道疾病、肥胖、糖尿病和心血管疾病。[5,6,7,8,9,10,11,12,13,14,15,16]出人意料的是，现役消防员死亡和工作残障的第一大原因不是火灾或意外事故，而是心脏病，现在人们认为这与昼夜节律紊乱有关。[17,18]许多研究表明：轮班工作会增加某些类型癌症的风险，以至于在 2007 年，世界卫生组织（World Health Organization）下属的国际癌症研究机构（International Agency for Research on Cancer）将轮班工作列为潜在的致癌因素。[19]

如果我们都是轮班工作者，那么都会深受其害。这就是为什么必须了解我们的生物钟是如何工作的以及如何优化我们的生活方式来适应身体的自然节律的原因。

当昼夜节律紊乱时会发生什么?

多囊卵巢综合症
月经周期不规律
产后抑郁
无法受孕
孕吐
流产

注意力缺陷多动障碍(ADHD)
自闭症
季节性情绪失调(SAD)
焦虑
恐慌症
抑郁
学习障碍
夜发性癫痫
躁郁症
重症监护室(ICU)谵妄
偏头痛
创伤后应激障碍(PTSD)
癫痫发作
狂躁
精神病
多发性硬化症
亨廷顿氏病
阿尔兹海默症
帕金森病
细菌感染
昏睡病
疟疾
关节炎
哮喘
过敏
淋巴瘤

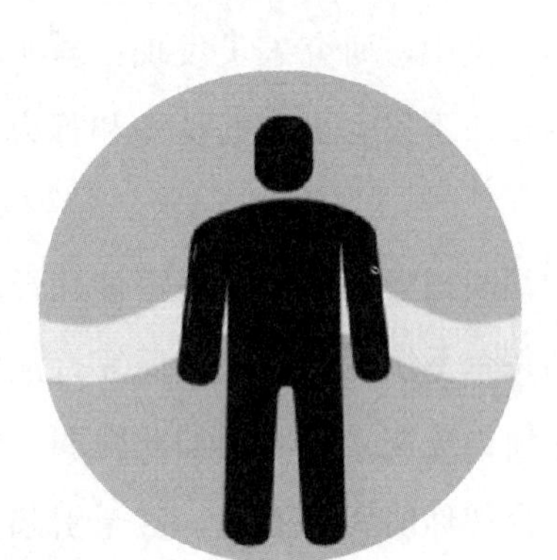

肠漏
消化不良
胃灼热
胃疼
克罗恩氏病
溃疡性结肠炎
炎症性肠综合症
炎症性肠病
代谢综合症
体重增加/肥胖
儿童肥胖
Ⅱ型糖尿病
糖尿病前期
中风
血脂异常
高血压
心律不齐
慢性肾病
脂肪肝(NAFLD)
脂肪性肝炎(NASH)
卵巢癌
乳腺癌
肝纤维化
结肠癌
肝癌
肺癌

失眠
普瑞德·威利(Prader-Willie)综合症
史密斯-马吉利综合症
阻塞性睡眠呼吸暂停
延迟睡眠阶段综合症
非24小时睡眠-觉醒综合症
家族性睡眠期提前综合症

与昼夜节律紊乱有关的疾病

你是哪种轮班工作者?

如果一年中有 50 天以上在晚上十点到早上五点之间保持清醒超过 3 个小时的人就符合欧洲对轮班工作者的官方定义。根据这一简单的定义，我们都是轮班工作者。那么你做过哪种轮班工作呢?

传统的轮班工作：在任何发展中国家或发达国家，大约 20% 到 25% 的非军事劳动力从事轮班工作。这包括紧急响应人员（消防员、紧急调度员）、警察、医务人员（护士、医生）、制造、建筑、公用事业服务、航空运输（飞行员、空乘人员、地勤人员）、地面运输和食品服务人员、监护人员和呼叫中心的客户支持人员。

轮班式的生活方式：这包括高中生、大学生、音乐家、表演艺术家、新妈妈、家庭护理人员和轮班工作者的配偶。

“零工经济”工作：这包括拼车服务和送餐服务的兼职司机、弹性工作制员工和自由职业者。

时差：当你在一天内跨越两个或更多时区时，就会出现这种情况。每天有近 800 万人次乘坐飞机，[20]其中一半人至少要跨越两个时区。

社交时差：当一个人在周末晚睡并且晚起至少两个小时，就会出现这种情况。现代社会中超过 50% 的人经历过社交时差。

数字时差：当你通过社交网络或数字设备与远在几个时区之外的朋友或同事聊天，结果不得不在晚上十点到早上五点之间保持 3 个多小时的清醒时，就会出现这种情况。

季节性昼夜节律紊乱：数百万生活在北极圈和南极圈地区的人（例如加拿大北部、瑞典、挪威和智利南部的居民）冬季的日照时间不足 8 小时，夏季的日照时间超过 16 小时。这一极端的日照时间扰乱了他们的昼夜节律。

生物钟是真实存在的

我们曾经认为，我们的昼夜周期仅受外部世界的引导：早晨的光线会使我们醒来，而看到月亮就暗示着我们该入睡了。甚至在二十世纪七十年代中期之前，许多科学家都对整个昼夜节律生物学领域持怀疑态度。虽然早在1700年前人们就知道植物有一个内部时钟，但很难证明动物和人类的时钟是内部驱动而不是外部驱动的。人们普遍认为：人类作为进化的高级物种，必须受到太阳和月亮在内的外界或环境因素的驱动。

植物的实验非常简单：放置在黑暗的地下室中的植物每天仍然会以特定的节奏上下移动叶子。[21]白天，许多植物将叶子向上移动，从阳光中获取更多的能量。晚上，它们的叶子会收起来，因为保持叶子抬高会浪费能量。同样，许多花只在白天开花，因为授粉的蜜蜂和鸟儿在白天四处飞舞；而有些花，例如我祖父母家附近的茉莉花树则在夜间开花：这些植物依靠风而不是其他动物来授粉。

接下来的一系列研究要困难得多，科学家们从昆虫、鸟类开始，然后是哺乳动物的昼夜节律的研究。他们研究了幼虫变成果蝇的时间，这只发生在风小、湿度大的早晨，说明其具有昼夜节律。他们研究了鸟类的迁徙模式和其他动物的苏醒模式。还在受控环境下研究了实验小鼠。[22]当它们被置于没有任何外界计时提示的持续黑暗环境中时，它们也会极为精确地每隔23小时45分钟醒来和入睡。同样，许多植物和真菌的生物钟接近但不完全是24小时。

因为没有简单的方法可以消除所有与外部世界联系的计时提示，我们几乎不可能去研究人类是否同样拥有内部时钟。然而，在二十世纪五十年代，研究人员有了一个想法：他们发明了一种简单的电话，可以让一名志愿者只能和另一个人联系。志愿者深入安第斯山脉深处的一个洞穴。他带来的只有足够的食物、蜡烛和足以让他忙上几个星期的阅读物。每当他感到困倦想睡觉时，就会打电话给他的伙伴，对方会记录下时间。醒来时他也会打同样的电话。研究表明，在洞穴里，他的睡眠—觉醒周期像钟表一样极为精确地持续了数周。然而志愿者每天都会晚一点上床睡觉，这意味着他的生物钟略长于 24 小时。事实上，他睡觉和起床的周期正好是 24 小时 15 分钟。只有当他的周期是由内部时钟所引导，他的周期才能够被预测。[23]

昼夜节律不完全是 24 小时这一事实不足为奇，因为在世界上大多数地方，日出到日出的时间并不完全是 24 小时。由于地球自转轴是倾斜的，因此在地球绕太阳公转时，一年中的某些时候，北半球或南半球面对太阳的时间就会更长。在一年中，随着白天逐渐变长或变短，日出和日落的时间也会发生改变。这种变化在赤道地区很小，但如果你居住在波士顿、斯德哥尔摩或墨尔本，日出时间从一天到另一天的变化可能是几分钟，一年下来，墨尔本的日长变化可以多达 30 分钟。事实上，在遥远的北极和南极，一个星期到下一个星期的日长变化就极大。当夏天来临，白天变长，我们体内的生物钟会在早晨稍早的时间（正好是太阳升起的时候）唤醒我们。当我们从一个时区飞到另一个时区时，我们的睡眠—觉醒周期会慢慢适应新的时区。这些例子只是解释了为什么我们有一个内部时钟，以及它如何自我调节从而与日出时间或白昼长度的变化相适应。一旦确定了这一点，科学家们就推测昼夜节律与光有关。

日常生活的节律

科学家们继续研究成人的生理、新陈代谢甚至认知的日常节律，我们发现我们日常生活的几乎每个方面都是有节律的。尽管人类不会开花，也不会长途迁徙，但我们确实有生物钟，它能把我们日常健康的几乎每一个方面都精确到白天或晚上的正确时刻。事实上，我们的身体被编程为每天都有特定的节律。有趣的是，你的夜间活动对你的昼夜节律有很大的影响。阅读这本书将会改变你的生活，最深远的影响将通过监测下午六点到午夜的生活作息而实现。

甚至在我们早上醒来之前，我们的内在生物钟就已经为我们的身体做好了起床的准备。我们的松果体开始停止分泌睡眠激素——褪黑素。随着血压的轻微升高，我们的呼吸变得略快，心跳每分钟加快几次。甚至在我们睁开眼睛之前，我们的核心体温就已经上升了半度。

我们的整体健康状况取决于我们的日常节律。早晨，身体健康就意味着一夜好眠，醒来感觉到休息得很好，精神焕发，健康的肠蠕动消除了晚上聚积的毒素，并感到头脑灵活、身体轻盈和饥饿想吃早餐。睁开眼睛后不久，肾上腺会产生更多的应激激素皮质醇，来帮助我们快速完成早晨的常规活动。胰腺也准备好释放胰岛素来处理早餐。

经过一夜良好的睡眠和营养丰富的早餐后，大脑在前半天就做好了学习和解决问题的准备。下午，如果我们完成了足够的工作，对自己的努力感到满意，我们就会感到健康（如果你前一天晚上没有睡好觉，你可能会有一种强烈的感觉，觉得自己在浪费时间）。随着时间的推移，肌肉张力在一天结束时达到峰值。随着太阳下山，夜幕降临，我们的体温开始下降，睡眠激素褪黑素的分泌开始增加，身体也准备入睡。

晚上，身体健康意味着身体放松，感到疲倦，不用费多大力气就能进入深度睡眠。睡眠并不是大脑自动关闭的默认模式。事实上，我们睡觉的时候大脑非常忙碌。它通过在不同的神经元之间建立新的突触或连接来备份我们白天接收到的信息从而巩固记忆。大脑在晚上也会产生相当多的激素。睡眠激素褪黑素是在大脑的松果体中产生的。人类的生长激素也会在我们睡觉的时候产生。[24]事实上，睡眠不足的人产生的生长激素更少。这对孩子来说非常重要，因为睡眠不足会减少这种重要激素的含量从而阻碍生长。

我们身体的日常节律

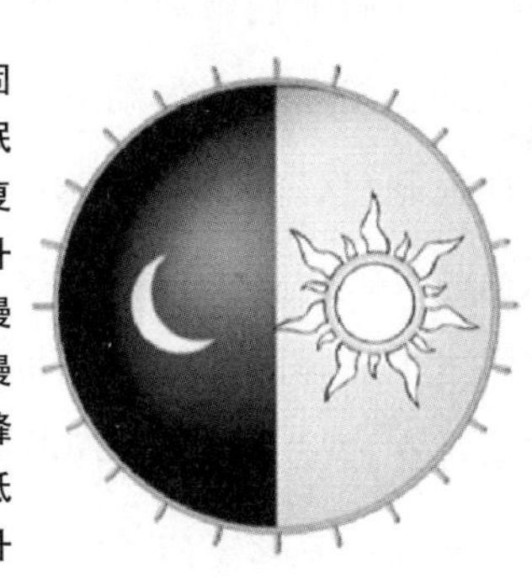

我们身体的许多功能在白天或晚上的特定时间将达到顶峰。这些节律被认为是由我们的生物钟调节。如果我们完全脱离昼夜的自然周期，这些生理节律在接下来的几天时间中将继续它们的既定正常周期。

夜晚，大脑也会排毒。白天，脑细胞吸收和处理营养物质，产生不需要的有毒副产品。这些毒素在我们睡觉时被清除，新的脑细胞通过神经生成的过程生成。这样的话，我们的大脑就像一个办公室：当你早上来到办公室，你不会认为有人在通宵工作，但实际上很多事情正在发生。垃圾被清理出去，维修人员可能已经升级了服务器或更换了灯泡。所有这些工作都必须继续进行，以便你可以开始新的一天。

我们需要一个强健的昼夜节律

昼夜节律优化生物功能。身体的每个功能都有特定的时间，因为身体无法一次完成它需要做的所有事情。观察新生儿能让我们更好地理解为什么我们需要昼夜节律。通过观察新生儿的发育模式，我们了解到婴儿出生时并没有非常有效的昼夜节律：他们的节律很明显，但并不强健。例如，婴儿试图入睡，但到了半夜他们会感到饥饿或需要排便，这些生理需求中的任何一种都足以唤醒他们。然后他们就哭了，因为他们同时感到饥饿或者又脏又困。一切都是混乱的。然而，在大约五至八月龄时，随着他们的昼夜节律增强，可以更好地控制自己的身体功能，发生的第一件事就是他们可以连续几个小时不间断睡觉。他们的消化速度变慢，因此晚上无须进食；另外因为肠蠕动的激素水平在睡眠期间受到抑制，他们就可以第二天早晨再排便。每一天，节奏都在加强并变得根深蒂固。

当婴儿长到蹒跚学步的时候，家庭生活开始给他/她分配身体活动的时间。我们有规定早餐、午餐和晚餐时间。与此同时，我们眼中的光传感器被设定为能够注意到晨光的时间变化，并每天将我们的内部生物钟略微调整几秒钟或几分钟。这种“光线牵引”（light entrainment），也就是内部生物钟与自然的昼夜循环同步，使我们的祖先无论在哪个季节都能够在黎明时分醒来。

生物钟是一个内部计时系统，它与光线和进食的时间相互作用，产生我们的日常节律。我们的工作是维持时钟，从而使我们以最佳的健康状态生活。你会发现，最好的方法就是按照生物钟生活，而不是反着来。首先，让我们来发现光所扮演的角色。

人类利用光的历史

原始的节律一直在进化从而预测和适应环境，因此人类所有的进化史都可以总结为人类试图对抗时间。为了理解光是如何影响行为的，我们需要把注意力集中在进化生物学上，它可以追溯到大约200万年前，并与我们为了在任何环境中生存而产生的适应机制相联系。我们知道进化在今天是有意义的，因为我们的生理机能（我们身体的运作方式）在很大程度上和200万年前是一样的。我们仍然要按照内部生物钟决定的周期在晚上睡觉，白天工作和吃饭。

我们知道，现代人类很大程度上是在赤道附近进化而来的，他们的日常活动受太阳的引导，并受到与之相对应的强烈的昼夜节律的影响。原始人类如果想成为成功的猎人，就必须在日出之前醒来：他们的策略是等猎物来到水坑边散步。如果不狩猎，他们就需要足够的时间去寻找和收集浆果。寻找和食用食物需要很长时间，尤其是当他们还必须远离掠食者的时候。

他们还必须在下午晚些时候有足够的肌肉力量，才能跑几英里远从而回到他们为了寻找食物而离开的洞穴或避难所。人类学家认为，早期人类在黄昏时分吃完最后一餐，这样他们就有足够的时间在夜幕降临前找到一个安全的地方睡觉。晚上他们休息 12 到 15 个小时，其中大部分时间都在睡觉。这种夜间禁食有助于清洁肠道，这样在早上他们就会感到轻松，并准备去寻找更多的食物。

人类具有独特的能力，可以自主地将自己的生活方式从白天调整到晚上，在必要的时候整夜保持清醒，改变并挑战身体的昼夜节律。由于大型动物对我们构成了威胁，我们不得不偶尔调整我们的昼夜节律，开发出一种在夜晚身处黑暗也能保持即使只有几分钟清醒的方法。人们轮流照看社区中其他睡觉的人：这些就是第一批轮班工作者。

赢得这一晚不仅是通往生存的门票，更是走向繁荣和财富的门票。许多猎人学会了夜间狩猎。这些轮班工作者成为人类社会的重要组成部分。随着时间的推移，那些能够在夜间行走并对敌人发动突袭的探险家和征服者，通过扩张领土和获取新的农田、矿产、宝石和自然资源，变得富有而繁荣。

火是人类用来对抗时间的第一个工具。生火和控制火的能力给人类带来了两个好处：首先是光本身，它能让我们可以在额外的几小时内保持清醒，如果需要的话，还能让我们整夜保持清醒。夜晚燃烧的余烬发出昏暗的光芒，但足以让早期人类找到路，抵挡大型食肉动物，并提供整晚的温暖。其次，火成为一种强大的武器。几千年来，我们唯一的武器就是火。

即使是现在，我们的大部分武器仍然是以火力为基础的。

围绕篝火的生活也推动了人类文明的兴起。火是烹饪食物和烧开水所必不可少的，并扩大了可食用食物的种类。烹饪可以使食物变软，消除强烈的味道使食物更美味，杀死病原体并使其更安全。[25]烹饪过程也使食物更容易消化，并且人们可以从相同的原料中获取更多的热量。这就是为什么吃生食可以作为一种减肥策略，但烹饪后吃同样的食物对减肥的影响并不大。[26]因为我们可以从同样的食物中获取两倍的能量，烹饪也减少了我们寻找食物的时间，与此同时，我们有了更多的选择：我们现在可以吃很多原本生吃不能被消化的食物。

由于大火在寒冷的夜晚提供了温暖，它使早期人类可以离开赤道，冒险前往北欧、亚洲和北美的更高纬度地区。人类到达最北纬的时间相对较晚，仅在三万至四万年前。在夏季，漫长的一天中光照有时长达二十多个小时，但这并不太难以适应，因为夏天并不那么炎热，人们可以在黑暗的洞穴或小屋中获得足够的睡眠。但是几乎没有阳光的漫长冬夜肯定会使大脑感到困惑。即使在今天，许多人仍然无法适应高纬度地区漫长而黑暗的冬夜，从而患上季节性情绪失调或季节性抑郁症。这些地区的抑郁症和自杀倾向在冬季都有所增加，我们现在知道这与昼夜节律紊乱有关：患有季节性抑郁症的人就如同不得不连续几个星期或几个月上夜班的人一样。

不管早期人类生活在哪里，火对夜晚的生活都有着非常特殊的影响。当男人们白天出去狩猎，妇女和孩子们就待在家的附近，照料家畜，或为雨天或冬天晾干、加工食物。晚上的篝火把大家聚在一起，为家人创造了一个特殊的时间来娱乐和放松。人们会分享故事，规划未来，富有想象力地思考，并在科学、文化和手工艺方面发展新的想法。傍晚的篝火边谈话是艺术、文化、科学和哲学的摇篮，这也使我们成为人类。[27]夜晚围绕光的社交生活在我们的日常生活中已经根深蒂固。

维持火势很困难，之后又变得相对昂贵，导致夜晚篝火边的时间被限制在一两个小时之内。即使在工业化早期，火和光的获取都是罕见的。随着人类将鲸油、蜂蜡和牛脂作为更好的燃料来源，人们经常将用于做饭或取暖的火和用于照明的火进行区分。对于普通人来说，使用这些燃料来照明太昂贵了。以今天美元的价值来计算，十九世纪一个普通家庭每天晚上要花 1000 到 1500 美元来维持几个小时的照明。[28]在十九世纪，由于晚上很少有明亮的光线，大多数人都会感到困倦并在日落几小时后就上床睡觉了。今天，非洲、南美洲、澳大利亚和印度的土著居民仍然过着类似于两到三个世纪前农耕或狩猎采集的生活方式。在这些无法获得大量电力的社区中，人们会早睡，并在黎明之前醒来。[29,30,31]

在十九与二十世纪之交，电力和电灯遍布整个西方世界，但仍然没有太多理由需要在晚上保持清醒来做很多事情。燃气和电炉替代了传统的柴火加热，把厨房从户外带到了现代家庭的中心，使我们可以随时安全地烹饪食物。食品加工、保鲜技术以及冷藏使人们随时都能获得食品。那就是麻烦真正开始的时候。

早期的工业化促进了粮食生产、采矿和制造业的发展，现今对工作和家庭中体力劳动的需求都减少了。产量的增加很快超过了当地的消费量，这导致了高速公路、火车、建筑物和仓库等基础设施的发展，这进一步减少了对人类体力活动的需求。维护和创建这些现代化基础设施还需要新一代的工作人员在晚上保持清醒并工作。现今的工业化社会中将近 20％到 25％的全职工作人员是轮班工作者。

二十世纪初的农业机械化提高了农作物的产量，而植物育种者们在不知不觉中选择了那些自然调整了生物钟的植物。这些“突变”作物无须正确计算日长即可确定是夏季还是冬季。这些作物并不局限在夏季长日或冬季短日开花，它们可以在任何季节开花，也可以像西红柿一样在温室中开花，这样农民每年在同一块土地上可以种植两到三种作物，进一步提高产量。

随着粮食生产的机械化，农民们不再需要整天待在户外。与此同时，电力照明变得越来越便宜。快进到二十世纪中叶，第二次世界大战后，随着所有工业体系的建成，工业化国家几乎所有人都开始经历昼夜节律紊乱。睡眠减少也意味着我们在明亮的灯光下清醒的时间增加了，尤其是在大脑不希望受到光线刺激的晚上。而我们白天醒着的时候，很多人都待在没有足够阳光照射的室内。这两种情况都会使大脑生物钟紊乱。

电话、收音机和电视使我们可以娱乐到深夜。而电脑已经把当地的晚间篝火会话完全转变成了一个真实的、虚拟的、全球全天候的聊天会话模式，你可以与世界上任何地方的任何人讨论任何话题。随着 24 小时新闻和娱乐节目循环播放以及全球数十亿台电脑设备的使用，谁能承受不上网的生活呢?

尽管所有这些进步都有望更新技术并改善我们的生活，但它们却日益扰乱了我们身体的生物钟。我们的昼夜节律仍然被晚上明亮的光线和白天自然光不足所紊乱。我们只是还没有进化到足以让我们的生物钟与我们所生活的现代世界的现实同步。因此，我们所有人都像我们最北端的祖先甚至是我们现在的北欧表亲一样在挣扎。不管我们是真正的轮班工作者还是只是过着轮班工作者的生活，晚上持续暴露在光线下都会导致昼夜节律紊乱，从而抑制睡眠并让我们感到饥饿。

使身心清朗的光不同于让双眼明亮的光①

我们无法回到中世纪来享受漫长而黑暗的夜晚，但如果我们知道光如何影响我们的生理时钟，也许我们可以通过控制光线来掌控我们的健康。当我开始读研究生时，我有很多问题：我想确切地知道光是如何影响体内生物钟的。为什么晚上盯着电脑屏幕会让我们保持清醒，而早上我们的大脑显然需

① 原文为“Light for health is not the same as light for sight”。

要更多的光线来保持警觉？有没有一种光的颜色更能影响我们的生物钟？

如果我们能弄清楚光的亮度和颜色是如何在一天的不同时间影响我们的生物钟，我们就能控制光的使用以增进健康。尽管你可能知道皮肤需要暴露在明亮的阳光下才能制造维生素 D，但这与我们的生物钟无关。光线对我们生物钟的所有影响都是通过我们的眼睛来实现的。那么，让我们来讨论一下我们的眼睛是如何运作的。

人眼就像照相机。它包含数以百万计的视杆细胞和视锥细胞，这些细胞以高分辨率捕捉图像的细节，并通过长形的线状神经细胞将这些信息传送到大脑。视网膜是位于我们眼睛后部的感光组织，包含数百万个视杆和视锥光传感器。光线通过我们的角膜、瞳孔和晶状体聚焦在视网膜上。视网膜把光线转换成脉冲，通过视神经传到我们的大脑，在那里它们被翻译为我们看到的图像。就像一些先天性失明的病例一样，当我们的视杆细胞和视锥细胞死亡，我们就失去了视觉。

然而，盲人的生物钟仍然受到光线的影响。令人惊讶的是，许多盲人仍然能够“感知”光线。当他们走到阳光下时，许多人报告说他们的眼睛能感觉到一些光亮，他们的瞳孔在明亮的光线下实际上会变小，而当他们回到室内时瞳孔会变大。这些盲人和一些失明的动物也会使自己的睡眠和醒来时间与白天的季节性变化保持一致。

这一现象在二十世纪初期就被发现了，并且在将近八十年的时间里，大多数科学家认为，这是因为盲人仍然可能拥有能为他们提供光感的视杆细胞和视锥细胞。然而，在二十世纪九十年代进行的一项非常精细的实验表明：眼睛里有一种我们所不知道的很难被发现的光传感器。[32,33,34]在 2002 年，包括我在内的三个独立研究小组发现了一种存在于视杆细胞和视锥细胞之外的光敏蛋白，这种光敏蛋白实际上是一种能牵引日常的睡眠—觉醒周期与光同步的光传感器。[35,36,37,38]这种感光蛋白被称为黑视蛋白(melanopsin)。[39]将所有的光信息传递给大脑的 10 万个视网膜神经细胞中只

现代室内生活打乱了昼夜节律，使我们容易患上各种脑部疾病。

有 5000 个含有黑视蛋白。只有在缺乏黑视蛋白的情况下，视杆细胞和视锥细胞才能牵引生物钟，但效率并不高。这就是为什么缺失视杆细胞和视锥细胞但仍具有完整的视网膜细胞的盲人仍然可以感知光线的原因。但这些细胞是如此得稀疏，以至于无法产生外部世界的图像。

为了了解这种光传感器的工作原理，在我们的实验中，我们使用了缺乏黑视蛋白基因或缺失黑视蛋白细胞的小鼠，尽管它们的眼睛在其他方面完全正常——它们可以看得很清楚并找到周围的路。当基因在小鼠中敲除后，细胞还能存活；但当细胞被去除时，基因表达也随之终止。当黑视蛋白基因被敲除时，光信息仍然可以通过黑视蛋白细胞进入小鼠的大脑。但当细胞去除时，眼睛和大脑的生物钟系统之间的所有联系都消失了。

正常小鼠通常在晚上醒来、白天睡觉（小鼠是夜行动物）。但是没有黑视蛋白细胞的小鼠无法感知光明和黑暗。当这些小鼠被置于持续黑暗的环境中，它们能够维持正常的昼夜节律——像正常小鼠一样入睡和醒来，该周期每 23 小时 45 分钟重复一次。然而，黑视蛋白缺失的小鼠很难适应任何给定一周内发生的微小时间变化。正常的小鼠可以在一周内将睡眠觉醒时间重新调整为明暗周期，而黑视蛋白基因敲除的小鼠则需要一个月甚至更长的时间才能调整过来。此外，正常的小鼠像鹿一样在夜间看到明亮的光线时就会停止运动。但是黑视蛋白缺失的小鼠在夜间明亮的灯光下不会停止运动：它们继续四处奔跑。最后，夜晚的光照并不会影响黑视蛋白基因和细胞缺失小鼠的褪黑素分泌系统。

由于小鼠和人类基因相似性极高，包括黑视蛋白，因此用小鼠做实验可以间接研究人类的昼夜节律。他们认为黑视蛋白可以影响人类的生物钟、睡眠周期和褪黑素的产生。我们的下一个问题旨在更好地了解哪种类型的光对激活黑视蛋白最有效或最无效，这样我们就能在正确的时间使用正确的光来优化我们的生物钟。

可见光包括彩虹的所有颜色。每种颜色都有不同的波长。红色的波长最长，而紫色的波长最短。当所有的波都聚集在一起时，它们就会产生白光，也就是阳光。白光中的不同颜色会激活三种不同类型的视蛋白（红色、绿色和蓝色），而这三种不同类型的视蛋白又会分别或共同识别这些颜色（即白光）。黑视蛋白对蓝光最敏感，对红光最不敏感。当黑视蛋白被蓝光激活时，它会向大脑发出信号告知大脑有光线存在，不管实际上是什么时间大脑都会认为现在是白天。如果你晚上在杂货店里走动，你的黑视蛋白会感应头顶的灯光，你的大脑就会认为现在是白天，你应该醒着。

假设你有两个亮度相同的灯泡，一个是蓝色灯，另一个是橙色灯。半夜当你打开橙色灯时，绿色视锥细胞中的视蛋白会被激活（因为在彩虹中橙色接近绿色，绿色视锥细胞可以感应到一些橙色的光），你的大脑就会识别出房间里有什么。如果你打开蓝灯，你的蓝色视锥细胞会被激活，你就能在房间里看到相同的物体。然而，橙色的光无法激活黑视蛋白细胞，它会告诉大脑现在是晚上，而蓝色的光会让大脑认为是白天。所以，如果你在橙色的灯光下度过一个小时，你的生物钟可能不会受到太大的干扰，但在蓝色灯光下度过一个小时，你的生物钟就会被重置为早晨。

随着季节和日长的变化，我们的昼夜节律也会随着日出和日落时间的变化而调整。长期以来，我们都不清楚这些昼夜节律是如何重置到新的日出或日落时间，也不清楚昼夜节律是如何受光线影响的。但我们的研究表明，当日长随季节变化或跨越不同时区时，这些相同的蓝光传感器会重置大脑时钟。它们还直接或间接地与控制抑郁、机敏、睡眠以及分泌睡眠激素褪黑素的大脑区域相连，甚至与控制偏头痛或头痛的大脑中枢相连。

黑视蛋白具有另一个特殊的性质：需要大量的光才能激活它。例如，如果你在一间光线昏暗的房间里睁开眼睛几秒钟，你的视杆细胞和视锥细胞就能接收到房间的图像，但你的黑视蛋白细胞会做出房间太黑看不见的反应。

这些发现帮助我们开始了解光是如何影响健康的。现代生活中，我们将大部分时间都花在室内看明亮的屏幕，在晚上打开明亮的灯，这会在白天和晚上错误的时间激活黑视蛋白，从而扰乱我们的昼夜节律、减少睡眠激素褪黑素的分泌，最终导致我们无法获得恢复性睡眠。当我们第二天醒来并在室内度过大部分时间时，昏暗的室内光线无法完全激活黑视蛋白，这就意味着我们无法将我们的生物钟与昼夜周期保持一致，这将使我们感到困倦、机敏性下降。几天或几周后，我们甚至会陷入抑郁和焦虑状态。

现在，我们对可以影响或损害我们健康的光的质量、数量和持续时间有了更好的了解，我们可以开始想象对灯泡、计算机屏幕或眼镜进行简单的改变就可以持续地恢复或改善我们的健康。

第 2 章　昼夜节律的作用机制：时间就是一切

我研究的第二部分揭示了关于我们体内生物钟的新信息。地球上所有生物都经历着一个不可避免的、可预测的日常环境变化：白天变成夜晚。不管它们是生活在沙漠、山区还是热带森林，也不管它们生活在 10 亿年前，还是生活在今天。为了应对这种可预测的日夜变化，几乎每个生物体都建立了一种内部计时系统，即生物钟（circadian clock）。

每个生命有机体都在全天 24 小时内（a）获取能量（食物），（b）通过使用一些能量来维持日常功能并将其余的能量存储起来以供日后使用，以优化能量的使用，（c）保护自己免受有害物质和天敌的侵害，（d）自我修复或生长，以及（e）繁殖。所有这些功能都由生物钟来调控，它将生命的各个基本方面分配到白天或晚上的最佳时间，从而优化了每个生物体执行这些任务的能力。

植物遵循大约 24 小时的生物钟来预测日出和日落，从而最佳地收获阳光和二氧化碳来制造食物。时钟提供节奏：植物知道在日出前一两个小时将叶片举起并激活相关基因，以便它们可以利用太阳的第一缕光线；一天结束时，植物会在太阳下山前一两个小时关闭其采光设备，这样一来，在没有光照的情况下，就可以不浪费精力经营它的食品制造工厂了。最后，它们的叶子在晚上会下垂，就好像它们准备睡觉一样。

植物也有每日的节律来指导它们何时开花：无论是按季节还是在白天

或晚上的特定时间。这种植物节律与授粉的蜜蜂和以植物花朵为食的昆虫的节律同步。大型食草动物，如牛或骆驼，白天以植物为食，而小型啮齿动物则在夜间以水果和蔬菜为食从而躲避捕食者。换句话说，它们用自己的生物钟来唤醒自己，保持活跃并在最安全的时候进食。即使是生长在其他食物上的面包霉菌（Neurospora）也有时钟来控制它以每天 24 小时的节奏生长并产生更多的孢子。它的产孢功能被设定在一天中适当的时间，以促进孢子随风进行最佳的分散。

正如你在前一章所学到的，这个精巧的时钟起初认为似乎是由光线控制的。然而，遗传学的探索向像我这样的研究人员展示了生物钟的工作原理。我们了解到，虽然昼夜节律受到光的影响，但它们控制时间的方式是由内部基因控制的。

生物钟遗传学

人体是由数以百万计的细胞组成的，这些细胞根据所处身体部位分化：人体从脚趾到大脑的每个部位都由细胞组成。然而，这数百万个分化细胞每一个都含有相同的基因组，这是我们从父母那里获得的所有遗传信息。这些信息被编码为我们的 DNA，携带这些遗传信息的各个片段被称为基因。有些基因对应于可见的特征，比如眼睛的颜色。另一些则与生物特征有关，例如血型、特定疾病的风险，以及包括我们的生物钟在内的成千上万的生物化学过程。

这些过程由不同类型的蛋白质完成。有些蛋白质是酶，它们像建筑工具（钻、锤、凿子等）一样在每个细胞内运作，酶执行许多任务，如制造胆固醇和分解脂肪。其他蛋白质是结构性的，它们是细胞的组成部分，就像房屋的各个部分（墙壁、门等）一样。一些微小的蛋白质实际上是激素（尽管并非所有激素都是小蛋白质），它们是控制器官功能的化学信使。有些蛋白质可以维持很长时间，而另一些则是短暂的。

器官的健康状况以及我们是否患有某种特定疾病取决于我们拥有哪些基因以及它们如何表达：特定基因是开启还是关闭，或者是正常基因还是突变基因。例如，你是否注意到有些人可以想吃什么就吃什么，而另一些人则抱怨某些食物（通常是乳制品）会引起消化不良，导致胀气、腹胀或便秘。实际上，那些遭受痛苦的人的有助于分解并吸收牛奶营养的基因发生了突变。

通过比较突变基因和正常基因，我们可以了解基因是如何起作用的，以及基因异常的后果。在昼夜节律领域，科学家们首先通过寻找生物钟运行太慢或太快的突变生物体来了解我们的生物钟是如何运作的。1971 年，加州理工学院果蝇遗传学家西摩·本泽（Seymour Benzer）教授和研究生罗恩·卡诺普卡（Ron Konopka）收集了数千只果蝇，并在持续的黑暗中对它们进行了单独研究。年轻果蝇通常在黎明和黄昏活跃，白天午睡，晚上睡觉。即使在持续的黑暗中，果蝇也能保持大约 24 小时的节奏。本泽和卡诺普卡发明了一些非常巧妙的工具来监测果蝇幼虫何时入睡和醒来，即使是在完全黑暗的环境下。在筛选了数千只果蝇之后，他们发现了三种突变体：早睡型、晚睡型和无特定模式的果蝇。[1]他们还发现，突变果蝇的后代继承或维持了相同的异常生物钟：这就是遗传的组成部分。同样的突变也改变了果蝇孵化的时间。这表明果蝇只有一个时钟基因。本泽和卡诺普卡将其命名为周期（Period）基因，简称为 Per 基因。

科学探究的过程很像破案。通过一些线索你可以得出一个罪犯的概况，但是要找到犯罪嫌疑人并证明其罪行可能需要数月或数年。两组独立的科学家花了近十三年的时间才弄清楚果蝇中 Per 基因到底是什么样的。研究人员又花了几年的时间才弄清楚这种基因是如何产生时钟的。

现在我们知道，在每个细胞内，Per 基因会发出指令产生一种蛋白质，这种蛋白质慢慢积累，每 24 小时分解一次。每一种生物都是如此：绿藻中有三个控制时钟的基因，在动物和人类中有十几个。运作方式如下：假设蛋白质是在冰箱中制成的冰块，Per 基因是冰箱中的制冰机，可以控制将要制造的冰块的确切数量。一次只能制造一块冰，然后把每块冰放入制冰机下面的冰桶中。在冰桶中积累了几十块冰块之后，冰桶变得足够重，机器就会自动关闭并停止制冰（同样，一旦产生足够的 PER 蛋白，Per 基因就会关闭）。

每天，我们取出所有冰块为家人制作冰沙。然后，我们把冰桶放回原处，制冰机将重新启动并继续制作冰块，直到冰桶装满为止。而且由于机器的“Per 基因”不会改变，因此每天制作的冰块数量始终是相同的，并且机器制造冰块和我们清空冰桶所花费的时间始终是相同的。该时间段被认为是一个周期。如果这个周期需要 24 小时才能完成，则可以将其视为昼夜节律钟。

现在，如果每台制冰机始终都能正常运转，那么我们每天都有相同的节律。问题是你如何保养制冰机会影响它的功能。如果一天只取出几块冰块，那么制作一整箱冰块的过程将会花费更多的时间。同样，在夜间制冰机制造新鲜冰块以填充冰桶时，如果你在深夜再次清空冰桶来制作玛格丽塔（一种鸡尾酒名），那么制冰机将没有足够的时间在第二天早上装满冰桶了。当你在明亮的光线下保持清醒或在白天睡到很晚时，你就是在打破昼夜节律。

如果一开始你的机器就是有故障的——这是一个突变，那么第二个问题就会出现。如果这台制冰机的“Per 基因”发生突变，则可能会使制冰速度太快或太慢。通知机器关闭的传感器可能会出现故障，导致冰桶才半满机器就停止制冰，或者冰桶已经满了，机器也会继续制冰。故障机器会影响每一批冰块的制作时间，并影响每天的使用冰块。

每个器官都有自己的时钟

一开始科学家们想当然地认为只有一个时钟控制着整个身体，他们认为时钟存在于大脑中，直到一名博士生进行的一项实验打破了这一假设。杰夫·普劳茨（Jeff Plautz）比我早几年进研究生院，他把果蝇的Per基因与一种能在黑暗中发光的荧光标记融合在一起。这些果蝇，只要有足够的食物和水，即使在一个完全黑暗的房间里，也会发出绿色的光并以24小时的节律逐渐消失。有一天，普劳茨在他的实验室里做清洁工作，他将几只活果蝇进行了切割，用这些果蝇的身体部位——翅膀、触角、嘴、腿、腹部等——做了另一个实验。他听说，即使把一只果蝇切碎，每个器官也能存活几天。之后他去了拉斯维加斯度假，一周后回到学校。当走回他的暗室实验室时，他注意到，那些与果蝇头部完全分离的触角、腿、翅膀和腹部仍然在以完美的节律发光，就像一整只果蝇一样。这些器官并不需要连接到身体上，就可以24小时的节律发光或变暗。这个实验证明，动物的每个器官都有自己的时钟，这些时钟不需要大脑的指令即可发挥作用。普劳茨的发现被《科学》杂志评为1997年十大突破之一。

想象一下，人体就像一间房子，每个器官就是一个不同的房间，时钟也不同。卧室里的时钟告诉你什么时候睡觉，什么时候醒来，家庭办公室里的时钟告诉你什么时候应该工作，厨房里的时钟告诉你什么时候应该吃饭，浴室里的时钟告诉你……你懂的。今天我们知道，肠道中的生物钟何时释放令人产生饥饿感或饱腹感的肠内激素，何时分泌消化液来消化食物，吸收营养，推动肠道微生物群发挥作用，并将废物排出结肠。胰腺的生物钟计算出何时产生更多的胰岛素，何时减少。同样，我们体内的肌肉、肝脏和脂肪组织中的生物钟也会各自调节各器官的功能。

除了生物钟基因之外，我进行了更深入的研究，并提出以下问题：与生物钟在肝脏控制代谢相比，生物钟在大脑中是如何控制睡眠路径的？当其他研究人员专注于那十几个重要时钟基因在大脑或肝脏中、白天或晚上的不同时间是如何打开和关闭时，我希望我的团队能够更为广泛地研究人类基因组中两万多个基因在不同的器官、不同的时间是如何打开和关闭的。从 2002 年开始，[2]我们就使用非常现代的基因组技术开始了一项研究。通过这项研究，我们发现在每个器官中，成千上万的基因以同步的方式在不同的时间开启和关闭。

我们基因组中的每个基因都有昼夜节律周期。然而，它们不会在同一时间开始昼夜节律周期，有些基因只在一个器官中具有昼夜节律周期。这意味着，对于每个组织而言，我们的基因组都有一个隐藏的时间代码。例如，即使我们体内的每个细胞都包含一套完整的基因组，我们在 2002 年的同一项研究中发现，超过 20% 的基因可以在一天的不同时间开启或关闭：请记住，我们无法在同一时间发生所有的生物功能。更有趣的是，大脑中在特定时间内被关闭的 20% 的基因与在肝脏、心脏或肌肉中被关闭的基因并不同。对基因的作用及其时序的详细了解，将使我们对昼夜节律如何优化细胞功能有更为清晰的认识。

现在，让我们看看周期性发生的细胞活动：

营养或能量感应通路（细胞的饥饿和饱足感通路）是具有昼夜节律的。就像全身因缺乏可用能量而感到饥饿，进餐后感到饱食或晚上不感到太饿一样，每个器官中的每个细胞都具有这样一个机制：使细胞饥饿，并打开门让营养物质在白天流入；当细胞有足够的能量时，它就会关上门，以免被塞得太满。

能量代谢通路是具有昼夜节律的，其影响细胞功能和所有关键营养素的代谢。碳水化合物、脂肪或蛋白质的使用和储存并不是一个连续的过程。当糖从血液中吸收并转化为脂肪或糖原以备将来使用时，人体的脂肪分解功能就会关闭。只有当糖消耗殆尽时，脂肪才会重新分解。

细胞的维持机制是具有昼夜节律的。每一种化学反应，特别是当细胞产生能量时，都会产生一种称之为活性氧（reactive oxygen species）的物质。这类似于厨房里的油脂或热锅里冒出的油烟。为了对付厨房里的这些脏乱，我们打开排气扇并系上厨房的围裙。同样，细胞也有一个定时清理自身的机制。这也包括排毒过程。

修复和细胞分裂是具有昼夜节律的。我们的身体每天都在修复和恢复活力。就像我们的管道变弱并在一段时间后泄漏一样，我们有数百英里长的血管需要检查并进行修复。同样的，我们的肠道和皮肤需要每天进行修复从而防止细菌、化学物质和毒素进入体内。在每个器官内，许多细胞死亡，需要被替换。我们的血细胞也需要更换。这种修复是通过产生新的替代细胞，而不是随机发生的；相反，它发生在一天的特定时间：晚上，当我们睡着的时候。

细胞间的通讯是具有昼夜节律的。我们的器官需要相互进行通讯，这是以一种独特的节奏发生的。例如，当我们吃饱的时候，体内的脂肪组织就会产生激素——瘦素，向大脑发送信号，阻止我们进食更多。同样的，当我们进食时，来自肠道的激素会让胰腺分泌胰岛素，从而使食物中的葡萄糖被肝脏和肌肉吸收。这些通讯在一天中的某些时候会更强，而在其他时候会减弱。

细胞分泌是具有昼夜节律的。每个细胞都为它的邻居或整个身体产生一些有价值的东西。因此，每个器官都会产生某种物质进入血液或传递给邻近的器官。这些分子的产生和分泌是具有昼夜节律的。例如，肝脏产生几种形成凝血所必需的分子。由于凝血因子是具有昼夜节律的，如果我们仔细检测出血时间或凝血时间，我们将看到一个清晰的昼夜节律。这可以优化我们何时安排手术以加快愈合。同样，我们的鼻黏膜、肠道黏膜和肺黏膜会产生润滑剂，而这些润滑剂也是具有昼夜节律的。

几乎每种**药物的作用靶点**都具有昼夜节律。这是与昼夜节律科学最相关的影响之一，尤其是对那些正在接受慢性疾病或癌症治疗的人来说。请记住，器官中的成千上万个基因会在某个特定的时间开启或关闭。想象一下，如果你可以直接靶向肝脏中有助于生成胆固醇的蛋白质的相对应基因，这种蛋白质具有昼夜节律，在早上制造更多的胆固醇，而在夜晚减少。如果我们想减少肝脏中胆固醇的产生，那么在制造胆固醇的蛋白最活跃的时候，研发一种药物来阻止它不是更好吗？

视交叉上核（SCN）：主钟

科学家们知道细胞相互之间可以通讯，但我们想知道我们体内的生物钟是否在器官之间传递信息。科学家们发现了一小群细胞起着主时钟的作用——就像原子钟是世界上所有其他时钟的主时钟一样。这些细胞被统称为视交叉上核（suprachiasmatic nucleus，简称 SCN），战略性地位于下丘脑（大脑底部的中心），那里是饥饿、饱腹感、睡眠、体液平衡、压力反应等的指挥中心。组成 SCN 的两万个细胞间接地与以下器官相连，如产生生长激素的垂体、释放应激激素的肾上腺、产生甲状腺激素的甲状腺以及产生生殖激素的生殖腺。SCN也间接地与松果体相连，松果体可以产生睡眠激素——褪黑激素。[3]

SCN的功能对于日常节律至关重要，像科学家对啮齿类动物所做的实验，通过手术将其移除时，动物便失去了所有节律功能。事实上，在神经退行性疾病（例如阿尔兹海默症）的最后阶段，如果SCN也退化，患者就会失去时间感：他们会在白天或晚上的随机时间上床睡觉或保持清醒、感到非常饥饿、去洗手间等。

SCN是光和时间之间的连接，因为它从外界接收有关光的信息并与身体的其他部分共享。视网膜上的黑视蛋白细胞与SCN直接相连，这就是为什么我们的主时钟对蓝光最敏感的原因。当SCN被光线重置时，它会重置下丘脑中的所有其他时钟：脑垂体、肾上腺、松果体等。人体的其他生物钟（例如肝脏时钟和肠道时钟）通过SCN信号和我们所吃的食物时间结合产生了它们各自的昼夜节律。SCN主钟与大脑中的饥饿中心相连，所以SCN会告诉大脑何时感到饥饿以及何时不感到饥饿。因此，SCN通过这种方式指导我们何时进食，而这又间接地指导了肝脏、肠道和心脏等器官的生物钟。

饮水也具有昼夜节律，它帮助我们的肝脏和肌肉做许多工作。当你吃东西的时候，肝细胞体积变大产生自身的蛋白质（肝脏产生我们血液中的大部分蛋白质）。细胞只有吸水时才会体积变大。这就是为什么我们知道水合作用可以帮助器官进行必要的化学反应，来提供能量并保持其重要功能正常的原因。

这套系统非常灵活，如果食物出现在错误的时间，系统会在几天内重置。肠道会自行复位，以便在食物出现之前产生消化液，而肝脏的生物钟也会重置，以处理肠道中吸收的营养物质。大约一周后，一些大脑时钟会慢慢受到影响。它们被重置到新的进食时间。通过这种方式，你可以看到光线和进食时间是如何影响这些生物钟的。

机体的三大主要节律

不同器官的时钟像管弦乐队一样，创造出昼夜节律的三大核心节律，构成健康的必要基础——睡眠、营养和活动。更重要的是，这些节律是相互关联的并在我们的控制之下。当它们都正常工作时，我们便拥有了理想的健康。当一种节律被打乱时，其他的节律最终也会被打乱，导致健康状况恶化，形成恶性循环。

你身体的节律像由交通信号灯控制的繁忙十字路口一样工作。从大脑运作到我们消化食物的任何活动，都像交通流一样运作：每个功能都来自一个方向，但最终一切都趋于一致。如果我们没有正确的交通模式，我们的节律就会失控。由于我们无法同时执行所有的身体功能，因此我们要么陷入无尽的红灯中，要么就像交通事故中的汽车相撞一样，我们的节律会互相干扰。当我们不注意交通信号灯，或者当我们不按照最佳节律工作时，它就会混淆信号，最终损害我们的健康。

节律 1　睡眠：晨鸟和夜猫子背后的真相

许多人认为他们要么睡得特别早要么睡得特别晚，要么醒得特别早要么醒得特别晚。他们把这些睡眠习惯归因于遗传学，然后将自己描述成可以熬夜的夜猫子或者早起的百灵鸟。

事实上，无论你是夜猫子还是早起的百灵鸟，都会随着年龄的增长而改变。婴儿和幼儿往往醒得早，因为他们在晚上的头几个小时就睡着了。如果你想让你的孩子在晚上九点或十点之前仍然保持清醒，那实际上是在干扰他们入睡的自然趋势。延迟儿童的自然睡眠模式已经成为一个重要的健康问题，并影响大脑的发育。实际上，即使在成年人中，注意力缺陷多动障碍（ADHD）和自闭症谱系障碍（ASD）现在被认为也与晚上很晚睡觉、睡眠不足以及白天大部分时间待在室内有关。[4]当然，因为父母想花时间陪孩子是很自然的，所以孩子们有时晚上睡得很晚。这在印度和中国是个大问题，因为这两个国家的很多父母上下班要花很长时间。

青少年更可能晚睡晚起。许多高中生可能在午夜之前都保持清醒状态，但如果他们在早上七点之前醒来上学，就无法获得足够的睡眠。

随着年龄的增长，当我们到了三四十岁的时候，我们自然又会变成早起的人。这意味着我们在晚上入睡的难度会变小，而且很可能在黎明时分就醒来。然而，青春期后的女性比同年龄的男性有早起的趋势。随着性激素的减少，这种差异在中年时期消失，这清楚地表明了性激素的下降是如何影响睡眠模式的。[5]

当我们还是婴儿的时候，我们被设定至少保持 9 小时的睡眠模式，而在往后的生活中，我们将保持 7 小时的睡眠模式，但整个生物钟系统会随着年龄的增长而衰减，其作用也逐年降低。随着年龄的增长，我们巩固睡眠或清醒状态的内驱力会逐渐减弱，当我们受到光线或声音的干扰时更容易醒来，也更难再入睡。这就意味着具有良好的习惯的生物钟至关重要了。

虽然许多人认为睡眠周期的改变是遗传性的，但发生基因突变的可能性微乎其微。极少数人的遗传缺陷会极大地改变其生物钟，以致于很难养成新的习惯来纠正它。但是研究这些人使我们对人类昼夜节律有了更深刻的了解。

一位名叫贝蒂（Betty）的女人知道自己有睡眠问题，这使她很虚弱，因此她一直在寻求解决方案。贝蒂每天的睡眠时间是很精确的 7 小时，但是她睡眠的时间却不是正常的。她每天晚上七点入睡，并在凌晨两点醒来，这对她来说是个大问题，因为它限制了她正常社交生活的时间。贝蒂去看了很多睡眠医生，他们每个人都给她做了检查并告诉她她很好，因为她睡了 7 个小时。但是无论她怎么努力，她都无法调整自己的睡眠模式。

她最后见的医生是犹他大学的克里斯托弗·琼斯（Christopher Jones），她一开始也认为贝蒂的睡眠时间表没什么问题，直到贝蒂告诉她她的家人也有完全相同的睡眠模式。克里斯托弗立刻想到这可能是由于家族的某种基因突变导致的。她与分子遗传学家路易斯·普塔切克（Louis Ptacek）和他的妻子分子生物学家傅莹惠（Ying-Hui Fu）分享了贝蒂的故事，他们认为贝蒂的睡眠是一个挑战性问题。在接下来的几年里，普塔切克和傅莹惠发现贝蒂的 Per 基因发生了单一变化，这正是在西摩·本泽和罗恩·卡诺普卡的果蝇突变实验中突变的基因。这是第一次人们将单一基因突变与睡眠—觉醒周期或昼夜节律的改变联系在一起。[6]

这种高度罕见的突变使得贝蒂的生物钟运行得比正常情况更快，而且它会始终保持这种状态。早晨，当我们的大脑生物钟与晨光同步时，生物钟就开始计算我们清醒了几个小时。对大多数人来说，醒来 12 个小时后，我们的大脑生物钟会提醒我们开始准备入睡。我们大多数人在保持 16 个小时的清醒状态后会想上床睡觉。但是贝蒂的生物钟运行得太快了。贝蒂的大脑将 12 小时的清醒状态计算为 14 小时。醒来 14 小时后，她的大脑时钟认为她已经醒了 16 个小时，她会发现很难保持清醒。

几年后，傅莹惠发现了另一个家族，他们的一个名为 Dec2 的基因可能发生不同的突变，这种基因可以减少睡眠需求。携带这种基因突变的人可以只睡 5 个小时，但醒来时却感到休息得非常好，可以很好地完成日常工作。[7]

即使你有一个不好的基因，健康的生活习惯也往往可以抵消它的有害影响。虽然贝蒂很难保持清醒到深夜，也很难与朋友交往，但像她这样的人可以通过早点上班以便他们可以早点回家或延长工作时间来发挥遗传上的优势。然而，大多数人，尤其是睡眠较晚的人，并没有基因缺陷。他们的晚睡可能是由与他们的昼夜节律相反的其他习惯引起的。

我曾经遇到一个成功的商人，他抱怨说他每天晚上都很难入睡，而且连续几个小时都难以入睡。他坚信自己一定是睡眠基因不好。但在和他谈了几分钟他的日常生活和饮食习惯之后，我清楚地意识到他的睡眠问题是由于他每天下午晚些时候到睡觉前喝的三杯浓咖啡造成的。当他在午饭后戒掉咖啡后，他开始在晚上十点左右入睡，并能够保持整整 7 个小时的睡眠。

另一方面，通过科罗拉多大学博尔德分校的肯·赖特（Ken Wright Jr.）所进行的一项实验，我们证实了自认为的早起的百灵鸟或夜猫子其实与坏习惯有关。他带领几个人参加了一次露营旅行，这些人认为自己属于“温和的夜猫子阵营”——他们每天晚睡晚起。在出发之前，他们都监测了自己的睡眠模式，并采集了唾液样本，以找出何时产生最大量的睡眠激素褪黑激素。肯发现许多夜猫子的褪黑激素的分泌都延迟了：他们的睡眠激素直到晚上十点才会上升，然后在午夜之后达到顶峰。

然而，在野外露营两天后，他们再次测试了褪黑激素的分泌情况。令人惊讶的是，所有完全确信自己是天生夜猫子的人，其褪黑激素的产生都变得绝对正常。与他们出发前的实验室测试相比，褪黑激素在晚上更早的时候分泌。更重要的是，他们都能在晚上十点之前入睡。他们的褪黑激素水平会在晚上七点或八点就开始升高，而不是在晚上九点或十点之后上升，他们在深夜也无法保持清醒。[8]发生这种变化的原因不是由于不合适的睡眠安排，而是因为晚上缺乏明亮的光线以及摆脱了其他不良习惯，例如晚上工作和深夜摄入咖啡因。晚上无法获得明亮的光线，使这些人能够恢复更正常的昼夜节律。

这些实验使我坚信我们是自己健康的主人，纠正习惯性行为是改善昼夜节律的关键。我亲身经历了这种纠正。在肯尼亚的马赛马拉国家野生动物保护区露营时，没有电子照明设备，周围都是野生动物，我和我的同事没有动力熬夜。我享受了多年来最好的睡眠，连续几天在日出前至少 30 分钟精神抖擞地醒来。当我回到圣地亚哥时，我的老习惯又回来了——晚上很晚才睡觉，日出后一个小时才醒来。当我与我的同事分享这个故事的时候，他们指出了我在圣地亚哥的生活方式与我在马赛马拉的生活有许多不同：在肯尼亚，我白天暴露在大量的光线之中，晚上没有光线，较少的噪音，晚上相对较低的温度，较早的晚餐。这些因素均被证明有助于改善睡眠。

节律 2　进食时间影响了你的生物钟

如果昼夜节律系统的主要目标是优化能量摄入和生存，那么当在错误的时间获取食物时，系统会发生什么？对于啮齿类动物来说，如果食物只在白天提供（当它们应该睡觉和禁食的时候），会发生什么？SCN 主钟是否会忽略食物？这至少会对它们的健康产生不利影响，因为如果它们选择忽略食物线索，它们将会死亡。实际上，当小鼠知道食物只有在白天才有时，它们会在食物到达前一小时醒来寻找食物。换句话说，它们找到了一种预测食物的机制。但是在吃完食物后，它们会重新入睡（就像它们通常在白天做的那样），然后在晚上四处游逛。换句话说，控制着它们的每天的睡眠—觉醒周期的 SCN 主钟，除了白天醒来吃东西的一小段时间外，其他时间仍然正常工作。

当小鼠在白天不该进食的时候吃东西，食物会发生什么变化？它是在肝脏生物钟调控新陈代谢的肝脏中被消化和代谢的吗？这是一个难题。在那之前，我们认为虽然肝脏可能有一个时钟，但它的功能至少有一部分是由大脑控制的，大脑向肝脏发送信号。然而，我们同时又持怀疑态度，因为肝脏需要大量的能量和精力才能使肝脏时钟如此依赖于大脑。此外，如果动物每天都在错误的时间进食（对我们的小鼠来说是白天），而肝脏的生物钟被设定为在晚上代谢食物，那么肝脏就不能代谢白天吃的食物。

因此，在 2009 年，我们做了一个简单的实验。我们取了一些通常在夜间活动的小鼠，只在白天喂养它们。然后我们观察它们的肝功能。我们发现，几乎所有在 24 小时内开启和关闭的肝脏基因都完全与食物同步，而忽略了时间和光线。[9]这意味着重置肝脏时钟的是食物，而不是大脑。

这一发现彻底改变了我们对昼夜节律与光线和食物的关系的看法。我们不再认为从外部世界到人体每个器官的所有时间信息都必须经过蓝光传感器，我们现在知道，身体能够与其他信号同步。就像早晨的第一缕阳光会重置我们的大脑时钟一样，一天的第一口饭也会重置我们的器官时钟。事实上，进餐时间可以是一个强大的信号，可以覆盖 SCN 主钟的主信号。

想想你的早餐。你有没有注意到不管你前一天晚上吃了什么，你都会在每天早上的同一时间感到饥饿？这是因为我们的大脑时钟或饥饿中心的时钟告诉我们何时应该饥饿。与此同时，大脑和肠道相互交流，肠道中的时钟告诉大脑为吃早餐做准备。胰腺也准备好分泌一些胰岛素，肌肉准备好吸收一些糖，肝脏准备好储存一些糖原、制造一些脂肪并把它们储存起来。

如果你通常在早上八点吃早餐，那么你已经和你的胃、肝、肌肉、胰腺等预约好了，它们将准备在八点处理早餐。第一口食物也是你的生物钟与外界的联系之一：早餐成为将内部时钟与外部时间同步的提示。只要你在八点吃早餐（或多或少几分钟），你的内部时钟将与外界同步。

但是想象一下，有一天你不得不早起去赶从洛杉矶到芝加哥的航班，你的安排被打乱了。你不能在上午八点进餐，而是需要在六点进餐——毕竟，你已经被告知早餐是“一天中最重要的一餐”。当你坐在你的麦片碗前时，你可能会发现自己并没有真正感到饥饿。这是因为你的大脑还没有向你的胃发送信号，让胃准备好消化液处理你的食物。你的肝脏和其他器官也没有准备好。

但没关系，你最清楚，无论如何还是吃吧。吃第一口的时候，你的胃会进入紧急模式并处理食物。你的身体在早上六点的时候必须放弃所有它应该做的事情，将注意力转移到即将到来的食物上。否则它可能会忽略你的食物，并且会在数小时内都不消化。通常情况下，身体会选择第一个选项：它会停止其通常的早餐前活动，包括自我清洁和利用储存的能量运行。所以，当出现这么早的早餐时，你的身体不得不放下清理工作，关闭燃烧脂肪的开关，以便它能把你刚吃的新鲜食物当作燃料。

此外，你的胃、肝脏、肌肉、胰腺等部位的生物钟也会注意到这餐意想不到的早餐，并且会感到困惑。这些时钟会认为也许它们错了，现在是早上八点，为了弥补"失去的时间"，这些器官中的时钟会试图加速。但是你的生物钟有许多可动的部分，要把不同器官的生物钟都调快并让它们重新校准并不容易。通常，它们每天可以调整一个小时。

当你第二天早上八点出现在芝加哥吃早餐时，你的身体仍然认为现在是洛杉矶早上六点，胃还没有准备好。它只能进入紧急模式，试图处理你的食物并再次试图加快时钟。

到第四天，你已经创建了一个全新的昼夜节律密码，并已根据你的日程进行了调整。但猜猜怎么了？是时候回家了。当你回到洛杉矶，在早上八点坐下来吃早餐的时候，你的系统认为是十点。这一次，器官已经准备好在六点接受早餐了，但是它们没有得到任何食物。于是它们开始了清单上的下一个任务。一旦你吃了早餐，你的胃、肝脏、肌肉、胰腺等必须放下它们正在做的事情或者把注意力转移到处理你的早餐上。这一次，它们选择多任务。同样，在接下来的几天里，时钟会再次慢下来，试图重置到新的早餐时间。

这个例子说明了不规律的早餐时间是如何扰乱你的器官并损害其功能的。利用生物钟，每个器官都被设定为从早餐开始的几个小时内处理食物。如果你的早餐是早上八点，那么这套系统可以在 8 到 10 个小时内保持最佳状态。每次我们进食时，消化、吸收和新陈代谢的整个过程都需要几个小时才能完成。即使是一小口食物也要花费一两个小时来处理。大约 10 小时后，肠道和新陈代谢器官将继续为你的食物工作，但由于它们没有被设定为 7 天 24 小时不间断营业，它们的效率会慢慢下降。各种器官的时钟效率不高，胃液和肠激素的产生速度不同，你的消化减慢，使你产生消化不良或胃酸倒流的感觉。

此外，就像一顿迟来的早餐会干扰你的器官完成其他任务一样，一顿晚来的晚餐也会。这一次，破坏更为严重。同样的食物在下午六点需要几个小时才能消化，但由于不在最佳的 10 小时时段之内，在晚上八点就需要更长的时间才能消化。这些额外的工作通常会干扰下一个任务或完全移除下一个任务。

现在你可能会想，“潘达博士，我不在乎。反正我在睡觉”。但问题在于，我们的细胞无法同时制造和分解体内脂肪。每次我们进食时，脂肪生成程序就会启动，肝脏和肌肉中的细胞就会产生一些脂肪并将其存储起来。脂肪燃烧程序仅在器官意识到没有更多食物进食后才慢慢启动，而这是在你吃完最后一餐之后的几个小时。这样得花更多的时间来消耗体内存储的大部分脂肪。

假设你在晚上八点吃晚餐，半小时后才吃完。时间在继续滴答作响，你的脂肪生成过程正在慢慢结束，到了十点半左右，你有吃零食的冲动。一片水果、一碗麦片、一块格兰诺拉燕麦卷、一把坚果，都没关系。一旦食物进入你的胃，已经把“厨房关闭”的胃时钟就必须恢复工作并处理你的零食。同样的食物在早上会在一个小时左右被处理，但是现在胃并没准备好处理食物，它会花几个小时来处理零食。你的脂肪生成过程将持续到午夜，直到第二天早上脂肪燃烧过程才会开始，但当你吃早餐时，这个过程又会转向脂肪的生成。

坐在我的实验室里，我可以想象你再次挠头：“潘达博士，这有什么大不了的？我们说的不是深夜吃点零食后增加几盎司的脂肪吗？我的新陈代谢节奏不会在第二天恢复吗？”事实上，这比你想象的还要糟糕。对于一个严格遵守饮食习惯的人来说，他的身体要监测激素、基因和生物钟已经是非常困难的了。如果进食的时间在白天和晚上都是随机的，那么脂肪的形成过程就会一直持续下去。与此同时，消化碳水化合物产生的葡萄糖充斥我们的血液，肝脏吸收葡萄糖的能力变得低下。如果这种情况持续几天，血糖就会继续升高并达到糖尿病前期或糖尿病的危险水平。

因此，如果你想知道为什么以前节食对你没有效果，进食的时间可能是原因。即使你努力锻炼，计算卡路里，避免吃脂肪、甜食等，非常可能是因为你没有遵循你的生物钟。如果你在深夜吃东西，或者每天不同时间吃早餐，很可能使得你的生物钟失去同步化。但不用担心，解决方法也很简单，只需要设定一个饮食习惯并坚持下去。因此，进食和作息时间真的很重要。

节律 3　锻炼时间的影响

当我们不吃不睡的时候，我们应该正在进行某种形式的身体活动。实际上，我们的新陈代谢和生理机能已经进化到使得我们的身体可以在从早上到晚上的清醒时间里进行身体活动。当我们活动时，我们应该使用我们的大部分肌肉，这些肌肉合起来占我们体重的近 50%。我们的许多肌肉群都处于自主控制之下，甚至在我们不知情的情况下也能正常工作。这些包括心脏的心肌和消化道的平滑肌。然而，即使这些肌肉也有昼夜节律：与晚上相比，它们白天效率更高。

我们的肠道肌肉会自动拉伸和弯曲，以产生我们所说的肠蠕动。这就是将消化后的食物从肠胃转移到肠道的过程。肠道蠕动在白天会增加，而在夜间却非常缓慢。由于夜间肠蠕动不太活跃，所以当我们吃得很晚的时候，食物就会沿着肠道缓慢移动，导致消化不良。

我们的肺和心脏都是有昼夜节律变化的肌肉——我们在白天有一个相对较高的心率和较重的呼吸，而在晚上都会减慢。较高的心率和呼吸有助于在白天将氧气和营养物质输送到包括肌肉在内的全身，从而为我们的身体活动做好准备。晚上，我们的肌肉不再像白天那样需要同样水平的营养和氧气。这可能是夜间心率和呼吸减慢的原因之一，这有助于身体降温，使我们睡得更好。

当我们进行体力活动时，大多数肌肉都会被激活。体力活动对健康有极大的好处，有些活动可能会对昼夜节律产生影响。最早研究体力活动对昼夜节律的影响的实验是在一些可以自由地在跑轮上运动的小鼠身上进行的。当这些小鼠被允许在任何需要的时候跳上跑轮时，它们每天晚上都自愿地在跑轮上跑。研究人员发现，运动的小鼠有一个强健的生物钟；它们应该睡的时候睡得更好，应该醒着的时候更能保持清醒。[10]体力活动对睡眠的影响似乎与食物和饮水无关。

这一早期的观察促使了涉及范围从青少年到老年人的几项人体研究。所有的研究都得出了同样的结论：体力活动可以改善睡眠。在青少年中，剧烈的体力活动不仅改善了他们入睡的速度或睡眠质量，还改善了他们白天的情绪，提高了注意力，降低了焦虑和抑郁症状。[11]在年龄较大的成年人（50 至 75 岁）中，适度的体力活动甚至是有规律的伸展运动也可以改善睡眠，提高睡眠质量和睡眠时间，并减少对安眠药的依赖。有适度体力活动的老年人在白天的日常活动中也很少出现困倦感。[12,13,14]当我们的睡眠时间改善时，我们的昼夜节律也会改善。

什么算作体力活动?

任何能消耗能量的运动都被认为是日常生活中的体力活动。身体健康才能进行体力活动。参加体育运动是一种具有竞争性的并包括思考和计划的体力活动。一般锻炼是有计划和有组织的另一种体力活动，它由其频率、持续时间和强度来定义。园艺、搬运重物、悠闲地散步和做家务也算体力活动。第 7 章中有一张表格，列出了各种体力活动以及它们之间的相互比较。

第 3 章　跟踪和测试：你的生理时钟是否与天文时钟同步？

1900 年出生的婴儿平均寿命只有四十七岁。[1]只有百分之一的人能活过九十岁，三分之一的人在五岁之前死亡。由真菌和其他细菌引起的传染病是主要的健康挑战。科学家们通过改善卫生条件、疫苗和抗生素与这些疾病作斗争，挽救了许多生命。现在，西方世界一个新生儿预计可以活到八十岁。几乎我们所有人都会患上一种或多种慢性疾病，包括糖尿病、肥胖症、心脏病、抑郁症或焦虑症。这些疾病的原因不太可能是感染；相反，它们与我们做出的不良生活方式选择直接相关。我们服用的药物只能控制我们的症状；大多数这些疾病都没有可靠的医疗方法。药物与更好、更健康的生活方式选择结合，使用效果最佳。而这些选择与你的昼夜节律有关。

专家通常通过我们应该吃的食物类型和应该做的运动类型来定义健康的生活方式。我希望你们不要将重点放在健康的生活方式**是什么**上，而应该放在**何时**。健康的生活方式包括吃什么、什么时候吃、什么时候睡、睡多久、什么时候活动以及多久活动。通过关注时间，你可以利用昼夜节律密码的力量，它可以弥补那些你非常规选择的时间。更好的是，通过与这种内在节奏保持一致的生活方式，你会获得更大的收益，这些收益来自做出正确的生活方式选择。

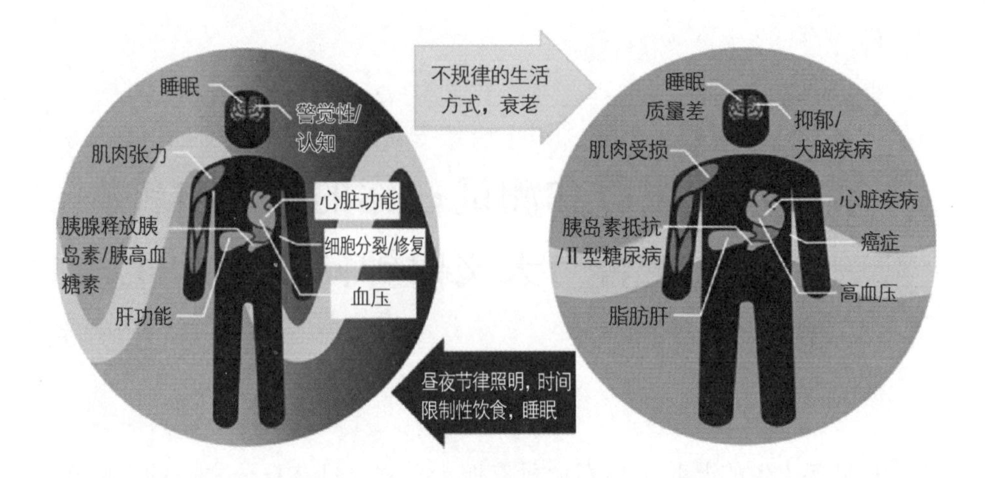

不规律的生活方式或衰老会加剧昼夜节律紊乱和各种疾病。配合昼夜节律的照明、时间限制性饮食和恢复性睡眠，可以维持我们的昼夜节律，并预防或逆转这些疾病。

你的昼夜节律有多强？

很有可能的是，我们生来就有一个强大的生物钟，它指示我们身体的各个方面有效地工作。它设定了每天睡眠、起床、进食和活动的时间。当我们的生活节奏与这种完美的节奏一致时，我们将处于最佳健康状态。然而，生活有时会阻碍你。正如你所知的，你的基因不太可能向你的生物钟传递错误的信息，并破坏你的节律，更有可能的是你的习惯扰乱了你的生物钟。不幸的是它并不需要花费太多的时间就可以完全打乱我们的节奏。当我们不断地变换工作时间，工作到很晚，或者在非正常时间段进食，这都会使我们的昼夜节律混乱，最终将导致身心健康不良。

我们目前的健康状况也会影响我们的生物钟，这种影响可以是直接的，也可以是间接的。例如，抑郁通常会影响我们的睡眠—觉醒周期，导致失眠或睡眠增加。这也使人们更想待在阴暗的室内。光线与时间被扰乱，使得我们的生物钟紊乱，从而将我们推向抑郁的深渊。当应在一天的不同时间打开和关闭的大量基因卡在开或关的位置时，导致血糖失调、暴饮暴食，就会发生诸如Ⅱ型糖尿病或肝病之类的慢性疾病。以更好的饮食节奏打破这个周期，可以使这些基因恢复到其日常周期并逆转这些疾病。最后，身体在对抗某些癌症肿瘤时，会产生许多化学信号。这些信号中的一些可以在我们的血液中传递到远处的器官，在那里它们会扰乱正常的节律功能。同样，一旦我们能够适应一种生活方式，其通过保持适当的睡眠—觉醒或进食—禁食节律来与自然昼夜节律同步化，我们就可以抵制干扰信号并帮助其加速恢复。[2]

我们没有那么强的适应力

你可能认为晚上睡不好，工作到深夜，或者在半夜吃大餐不会要了你的命。在某种程度上，你是对的：一次性的经历不太可能造成太大的损失。然而，不良的生活习惯会直接影响我们的昼夜节律，虽然严格意义上说，它们可能不会杀死我们，但它们确实使我们容易受到可能杀死我们的因素的影响。例如，在一项模拟时差或轮班工作的研究中，当通过简单地将开灯和关灯的时间更改几小时来将小鼠置于类似于轮班工作的时间表时，在短短几周内小鼠变得非常脆弱。它们的免疫系统很弱更容易受到感染，如果不及时治疗其中一半小鼠都会死亡。[3]在人体研究中也发现了类似的结果。研究人员对来自四十个不同组织的八千多名工人进行了一项大规模研究，发现轮班工作人员比非轮班工作人员更容易患上包括普通感冒、胃部感染等在内的各种传染病。[4]这些观察结果表明，当我们的节律不正常，更容易在遇到细菌或病毒时感染严重的疾病。

你的身体需要花费比你想象的更长的时间来适应昼夜节律中哪怕是最小的波动。例如，一个晚上的轮班工作可能会影响你整个星期的认知能力。跨国旅行似乎是件好事，但当你不得不调整到一个新的时区时，你可能会有几天感到时差。对于大多数人来说，我们的生物钟需要大约一天的时间来适应一个小时的时差；而对于一些人来说，可能需要两天才能适应一个小时的时差。同样，当你在周末多睡了三个小时，并把早餐时间推迟三个小时，你的身体所受到的影响就像从洛杉矶飞往纽约一样。这就是为什么聚会或熬夜到深夜都与飞越几个时区相同的原因；因此，生物钟科学家称这种习惯为社交时差。

你可以通过观察你的身体需要多少天才能适应夏令时从而计算出你对时差的调整能力，因为我们的时钟只移动了一个小时。现在你就知道，当我们每个月都有几个晚上进行社交活动并且熬夜超过正常的就寝时间时，将会发生什么。

不仅仅是睡眠时间的改变会打乱你的生物钟，改变三大主要节律中的任何一种（睡眠、进食时间和活动），都可能以类似的方式影响你的任何一个器官。正如昼夜节律调节不同器官系统的一系列功能一样，干扰这种原始节律会损害任何器官的最佳功能。与我们所知道的吸烟会增加患肺癌的风险不同，昼夜节律紊乱不会导致一种特定的疾病，但它会以多种不同方式危害健康。如果你容易感染一种特定类型的疾病，你可能会首先注意到它的症状。这就像你一天要越野驾驶五种不同的车型一样；每一辆车都会由于自己独特的车型而带有一系列独特的问题。有些车辆轮胎是完好的但其悬架系统将关闭。有些会出现传输问题或校准问题。因此，如果你一直有痤疮的问题，那么你的昼夜节律紊乱可能会使它更为严重。如果你的胃很敏感，昼夜节律紊乱会引发胃灼热或消化不良。

你的一些日常不适、频繁患病或慢性病很有可能与昼夜节律紊乱有关。许多疾病的症状包括睡眠不足或过多、食欲改变或体力活动减少，这些都破坏了你的昼夜节律。然而，通过调整你的节奏，可以潜在地纠正疾病或减轻疾病的严重程度。这就是为什么我说：养成你的昼夜节律习惯就可以防治很多疾病。

随着时间的推移，昼夜节律紊乱将影响健康

短期昼夜节律紊乱
（1—7天）

嗜睡 / 失眠、注意力不集中、偏头痛、受刺激、疲劳、
喜怒无常、消化不良、便秘、肌肉疼痛、胃痛、
胃胀、血糖升高、易感染

长期昼夜节律紊乱（数周、数月或数年），
并伴有遗传易感性 / 营养不良

肠道疾病、免疫疾病、代谢疾病、
情感或情绪疾病、神经退行性疾病、
生殖疾病、慢性炎症、各种癌症

昼夜节律紊乱的时间越长，患上严重疾病的风险就越大。

如果你正在经历任何身体上的不适或心绪的改变，请不要忽略它们：它们是慢性疾病的早期预警信号。首先，请注意你的日常睡眠、活动和饮食习惯是否改变了。试着回到你的正常模式。如果症状持续，就去看医生。

不适感慢慢地变成需要处方药物治疗的疾病。治疗慢性疾病的药物并不像治疗细菌感染的药物那样有效，一个疗程的抗生素会杀死致病菌，你就可以治愈。慢性病是无法治愈的，而且很大程度上需要通过终生服药来控制。同时，你还要应对这些药物的副作用。一份最新研究表明，美国总利润前十的药，每治疗一个人，就有 3—24 人没有疗效。[5]更糟的是，随着时间的推移，昼夜节律紊乱使得症状治疗的效果降低。它会延缓康复，甚至使你对治疗产生抵抗力。例如，接受乳腺癌治疗但不能在适当就寝时间入睡的女性的存活率要低于那些保持固定就寝时间的女性。[6]

在第三部分中，你将了解到违反主要节律的生活将如何影响你的微生物群、新陈代谢、免疫系统和大脑，以及你能做什么来扭转这些不良健康。这些就是我所谓的健康“大计”。然而，即使你的昼夜节律只是被打乱几天也会让生活变得更加艰难。缺乏睡眠的人比获得充足睡眠的人更不愉快，甚至在社交活动中充满敌意也就不足为奇了。例如，2011 年的一项研究表明，尤其是在青少年中，睡眠剥夺会导致积极情绪的减少和消极情绪的增加。[7]糟糕的睡眠会损害我们评估负面或正面反馈并做出理性决定的能力。这也会影响我们专注于手头工作的能力。这会影响我们的工作和家庭生活。2017 年的一项研究表明，当缺乏睡眠的夫妇吵架时，他们会变得更不理智，或者会认为对方更加不理智。[8]

正如我说过的，当一种节律消失时，其余的也就随之消失。我们所有人都在真实或社交时差中经历过这种情况，例如参加深夜派对。假设你晚上外出跳舞，你接触到的光线会抑制你的睡眠需求。你在午夜过后保持清醒的每一个小时，都会进一步打乱你的昼夜节律。第二天早上，你会感觉很糟糕。你很累，即使你能睡个懒觉，第二天也很难补回失去的睡眠。晚起也会打乱你的正常饮食习惯，把时间从早上八点调到上午十点，它也会占用你的运动时间。你可能还会发现自己的大脑很模糊，难以集中注意力甚至很难做出简单的决定。

有时，慢性疾病本身也会导致昼夜节律紊乱。例如，肥胖会增加阻塞性睡眠呼吸暂停的风险。因为不能自由呼吸而无法恢复睡眠，这会增加白天的困倦并降低运动的动力。随着身体活动的减少，夜间入睡的动力也会降低——这使得人们在明亮的灯光下一直保持清醒到深夜，而当他们保持清醒时，他们很有可能在深夜进食。

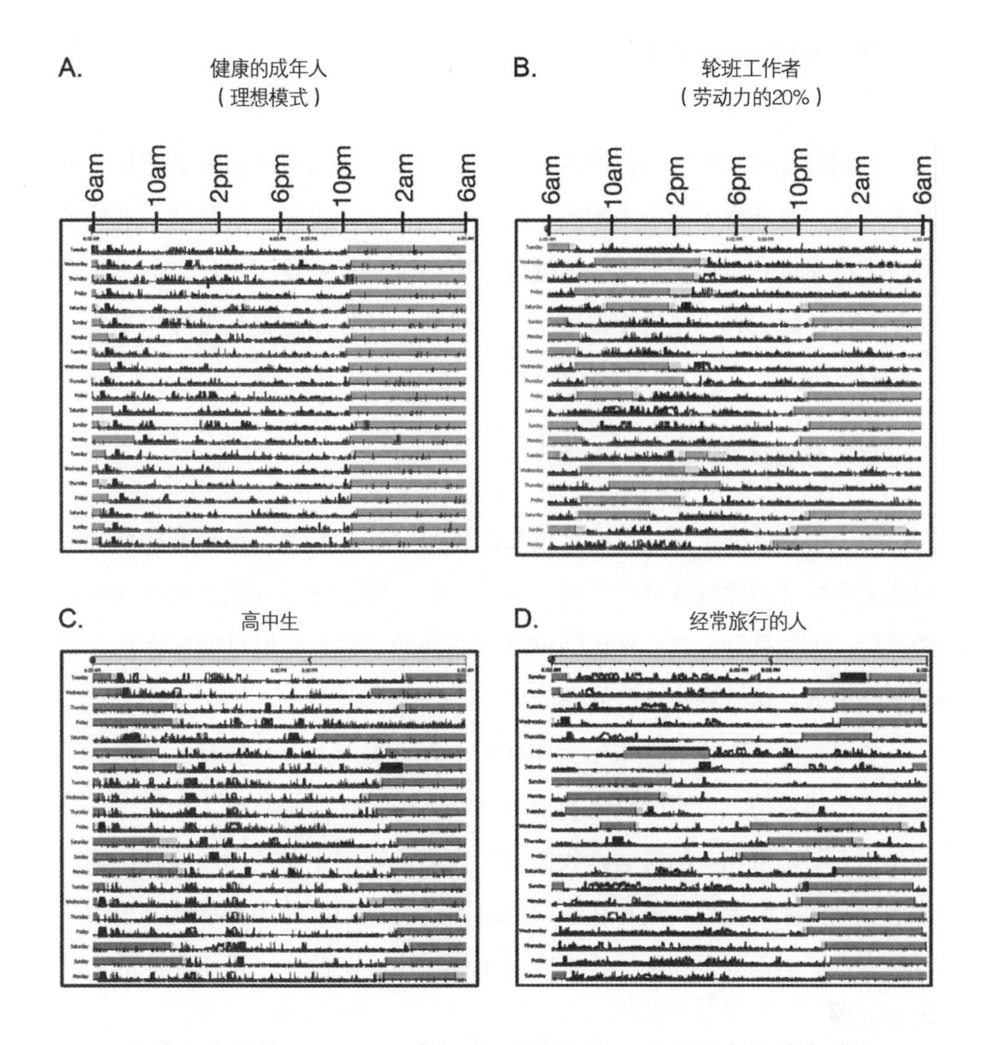

上述图表代表了（a）一个拥有理想活动—睡眠模式的健康成年人，（b）一个轮班工作人员，（c）一个高中生和（d）一个经常旅行的人各自三周的活动和睡眠模式。每条水平线报告了活动（黑色尖峰）和睡眠（灰色条）。值得注意的是，健康的成年人每天晚上十点半左右上床睡觉，并且每天拥有 8 个小时的睡眠。而其他的人每周至少有一天睡眠时间极度延迟。

测试你的昼夜节律

如果你患有某种疾病，那么重要的是要知道你的疾病是否会破坏你的日常作息。我开发了两个小测验，你可以在自己家里做，以帮助了解你的昼夜节律质量是否正在影响你的健康。第一个测试侧重于你现在的思维和感受方式。第二种方法为你提供了一个机会，让你知道自己离理想生活节奏还有多远。

昼夜节律健康评估

第一个测试会呈现你可能正遭受的各种症状和状况。这些症状或状况可能会影响你的睡眠或进食周期。或者它们可能是对运行紊乱的昼夜节律的反应。无论哪种方式，认识到你有这些问题，并且它们可能比你意识到的影响更大，这是解决这些问题的第一步。

如果你的工作要求你每年至少有五十天（每周一天）在晚上十点到早上五点之间保持三个小时以上的清醒状态，那么你就是轮班工作者，并且容易患上与轮班相关的疾病。我们中的许多人睡眠不足，随意饮食，不参加有意义的体育活动，或者在错误的时间进行高强度的体育活动。了解哪些因素会影响你的生物钟，这将有助于你做出小的改变，从而让你的生活更加健康。

如实回答下列问题，并圈出正确答案。结果将和你一样是完全个性化的：答案不分对错。然而，如果你对以下所有问题的回答都是“是”，那么优化你的昼夜节律系统很可能对你的健康有益。如果你并不完美，请不要担心；几乎每个人都有改进的空间。

生理健康

你的医生告诉你超重了吗？	是 / 否
你被诊断为糖尿病前期或糖尿病？	是 / 否
你是否正在服用治疗慢性疾病的处方药，如心脏病、血压、胆固醇、哮喘、胃酸倒流、关节痛或失眠？	是 / 否
你正在服用治疗胃酸倒流、疼痛、过敏或失眠的非处方药物吗？	是 / 否
你的月经周期不规律吗？	是 / 否
你是否有与更年期有关的潮热或睡眠中断？	是 / 否
你性欲减退吗？	是 / 否
你是否被诊断患有与慢性炎症相关的疾病，比如多发性硬化症或炎症性肠病？	是 / 否
你经常腰痛吗？	是 / 否
你被诊断患有睡眠呼吸暂停症吗？	是 / 否
你打鼾吗？	是 / 否
你醒来时感到鼻肿（鼻子不通气）或鼻塞吗？	是 / 否
你是否经常腹痛、胃灼热或消化不良？	是 / 否
你经常头痛或偏头痛吗？	是 / 否
在一天结束的时候，你的眼睛会感到疲劳吗？	是 / 否

心理健康

你感到焦虑吗?	是 / 否
你是否感到情绪低落或经常忧郁?	是 / 否
你是否困惑于注意力和专注力?	是 / 否
你是否经历过脑雾（脑子一片空白、暂时失忆）或注意力不集中?	是 / 否
你是否经常丢东西，比如眼镜、充电线或钥匙?	是 / 否
你是否忘记人名和人脸?	是 / 否
你依赖日历或待办事项吗?	是 / 否
你下午会感到累吗?	是 / 否
你醒来觉得累吗?	是 / 否
你是否曾被诊断患有创伤后应激障碍（PTSD)?	是 / 否
你是否被诊断为注意力缺陷多动障碍（ADHD)、自闭症谱系障碍（ASD）或躁郁症?	是 / 否
你对食物有欲望吗?	是 / 否
你是否觉得自己对食物缺乏意志力?	是 / 否
有人告诉过你，你很易怒吗?	是 / 否
你做决定有困难吗?	是 / 否

行为习惯

你一天的步数少于 5000 步吗?	是 / 否
你每天在户外日光下的时间少于 1 小时吗?	是 / 否
你晚上九点以后锻炼吗?	是 / 否
会在睡前花 1 个多小时在电脑、手机或看电视上吗?	是 / 否
你在晚餐后会喝一杯或更多含酒精的饮料（鸡尾酒、葡萄酒或啤酒）吗?	是 / 否
你一整天都忘记喝水吗?	是 / 否
你在下午或晚上喝咖啡、茶或含咖啡因的苏打水吗?	是 / 否
你吃巧克力、高碳水化合物食物（甜甜圈、披萨）或能量饮料来提高你的能量水平吗?	是 / 否
不论是否饥饿，你在一天的晚些时候会大吃特吃吗?	是 / 否
你在晚上七点以后喝东西或吃东西（除了水）吗?	是 / 否
你开着灯睡觉吗?	是 / 否
你每天的睡眠和休息时间是否少于 7 小时?	是 / 否
你早上需要闹钟才能醒来吗?	是 / 否
你通常在周末补觉吗?	是 / 否
不管什么时候给你食物，即使你不饿，你也会吃吗?	是 / 否

评估你的反应

对于上述问题，我们大多数人都会有几个“是”的答案。这很常见（但不正常），因为我们都是轮班工作者，而且我们的生活确实有昼夜节律紊乱。在生理和心理健康部分，我们中的许多人可能会对一两个问题回答“是”，但在每个部分回答三个或更多则说明你的昼夜节律可能不是最佳的。你也可能认为某些症状是良性的并且可以忽略不计，因为许多和你同龄的人有相同的症状。但是常见的并不总是正常的。

在行为习惯部分，任何“是”的回答都可能会打乱你的生物钟。许多人通常有五个或更多的“是”答案，这意味着他们需要用不同的方法优化他们的节律来保持健康。

确定你的昼夜节律

测试的第二部分与其说是测试，不如说是跟踪练习。在接下来的一周中，请按照说明来填写下面的表格。每周回答这六个问题会让你对自己的日常生活节奏有一个清晰的认识。你很有可能会发现你的答案取决于很多因素：你是否在工作，是工作日还是周末，或者你的生活方式太难以预测。在我的实验室里，我们监测了世界各地成千上万的人，并且趋势是一样的——大多数人在工作日和周末具有不同的节奏。然而，我们知道并不一定需要这样：当我们研究来自土著民族的数据时，比如阿根廷的托巴族（Toba）和坦桑尼亚的哈扎族（Hadza），他们的睡眠和身体活动模式是极可预测的，并且每天都保持一致。

我无法告诉你理想的昼夜节律密码应该是什么，但你可能已经知道了。更有可能的是，当你度假一周时，它就会显现出来。如果你不喝太多的酒并坚持锻炼，你的身体可能会回到通常喜欢的节奏。你可能会发现自己入睡变早了、白天更活跃、晚上吃零食的欲望减少。

	你什么时候醒来？ 是否需要闹钟？	你什么时候上床睡觉？	你几点吃/喝今天的第一口（除水）？	你几点吃/喝今天的最后一口（除水和药）？	你什么时候关闭所有屏幕？	你什么时候运动？
星期一	时间： 闹钟？					
星期二	时间： 闹钟？					
星期三	时间： 闹钟？					
星期四	时间： 闹钟？					
星期五	时间： 闹钟？					
星期六	时间： 闹钟？					
星期天	时间： 闹钟？					

然而，一旦你度假回来，生活的现实就使你无法保持最佳的昼夜节律。你可能无法立即将理想节奏的各个方面纳入日常生活，但是注意自然节奏会让你知道你是否正在做错的事情，并让你了解到只要做一些小幅修复就可以产生巨大效果。你也会发现，你完全可以选择自己的生活方式。一旦你知道了自己的昼夜节律，你可能还会选择坚持目前的生活方式，因为你认为这是工作或家庭不可避免的，但这可能会渐渐导致患有某些慢性疾病。或者你认为你的健康对你和你的家人更重要，并决定做出一些调整，以便你可以在未来几年的工作和家庭中都更富有成效。

在接下来的章节中，我们将讨论要实现的目标。但是现在，让我们简要地看一下这些问题的重要性。

何时（以及如何）醒来是一天中最重要的事情

当你醒来，睁开眼睛从床上起床时，进入眼睛的第一道亮光会激活视网膜中的黑视蛋白，告诉你的 SCN 主时钟早上到了。就像在间谍电影中，当两个特工开始执行任务并同步他们的手表一样，看到的第一束明亮的光线会向 SCN 发出信号，将其时钟时间设置为早晨。通常，当 SCN 时钟设定为早晨时，它会像一个内部闹钟一样自动唤醒你。但是如果你需要一个真正的闹钟来叫醒自己，那么你的 SCN 尚未准备就绪，仍然认为现在是夜晚。这就是为什么我们的目标是减少对闹钟的依赖，并获得充足的睡眠时间，以便你的 SCN 识别出早晨时你就会醒来。

当你填写表格时，不仅要注意你醒来的时间，还要注意你是否需要闹钟。我们不会像一个世纪前的祖先那样醒来。在过去，我们的生物钟与昼夜节律一致，我们在晚上十点之前上床睡觉。我们的 SCN 时钟会在黎明时分把我们叫醒。这时你就会停止分泌褪黑激素，你的睡眠动力就会减弱。黎明也带来了许多环境信号来唤醒我们，例如第一道曙光以及鸟类和动物的声音。如果这些提示不起作用，那么体温的升高会唤醒你；当褪黑激素水平下降以降低入睡的动力时，皮质醇水平上升，使你明显感到温暖。

今天，我们很少会意识到这些暗示。我们睡在一间温度控制完美的卧室里，卧室里装有覆盖着厚窗帘或遮光窗帘的双层玻璃窗，我们几乎切断了早晨自然的声音、光线和温度信号。当我们晚睡时，我们的睡眠驱动力和褪黑激素水平在黎明时仍然很高。这就是为什么我们很多人需要一个刺耳的闹钟的原因。

你一天中第一口食物

就像第一眼看到的光线会让你的大脑时钟与光线同步一样，第一口食物也会让你体内其他时钟开始一天的工作。在我们的研究中，我们发现 80% 的人在醒来的一个小时内会吃或喝除水以外的东西。[9]还有 10% 的人在两小时内吃东西，只有一小部分人超过两小时才吃东西。许多人还报告说他们经常不吃早餐。但这些数字根本不能说明问题，所以我们深入挖掘，发现“早餐”（breakfast）这个词显然被误解了。

早餐的意思是“打破禁食”（breaking the fast）：在你一晚上不吃不喝之后进食的那一时刻。但什么才是真正的“打破禁食”呢？答案是有东西触发了认为禁食已经被打破的胃、肝、肌肉、大脑和身体的其他部分。这个答案是除了水以外你放在嘴里的任何饮食。

你可能会认为加了一点奶油和糖的一小杯咖啡并不算“打破禁食”。大多数人只是简单地把他们早上冲泡的咖啡和试图唤醒大脑联系起来。事实上，一旦我们把卡路里放进嘴里，我们的胃就会开始分泌胃液以消化食物。接着，一系列激素、酶和基因开始了它们的日常工作。第一杯咖啡或茶就足以重置胃和大脑的生物钟。

我们的大多数受访者在凌晨四点到中午之间所消耗的卡路里还不到他们每日摄入热量总量的四分之一，而他们在晚上摄入的卡路里却超过了每日摄入热量的 30%。[10,11]在美国，他们报告说他们不吃早餐，但实际上他们只是在早上不吃一顿大餐。相反，他们吃的是一些小点心或咖啡、茶、果汁、酸奶等。他们没有把它当作一顿正餐。然而，我们的胃确实将其视为一餐。不管是一杯咖啡还是一碗麦片粥，当你打破禁食时请记下时间。

最后一餐或最后一口饮料

就像你的大脑在夜间必须从活跃状态转换到休息状态从而恢复活力一样，你的新陈代谢器官也需要放松和休息几个小时。一天的最后一口发出信号，暗示着我们的身体准备放松、清洁和恢复活力。大脑和身体需要几个小时才能获得信息并启动该过程。它需要完全确保没有更多的卡路里进入身体。因此，就像一杯咖啡启动了你的新陈代谢时钟一样，你的最后一点食物或饮料也必须经历两至三个小时的消化过程，然后身体才能开始其修复和恢复活力的模式。

文化是饮食习惯的最大预测因素之一。虽然许多美国人很早就吃晚饭，但我们生活在晚饭后宵夜的文化中。在许多东方国家和欧洲部分地区，夜宵是常态。在一些国家，餐厅甚至在晚上九点之前都不营业。在一些地方，深夜晚餐是一天中最丰盛的一餐，而在另一些地方，它通常是一顿小餐或午餐的剩饭。

诚实地记录下当天吃完最后一口食物或喝完最后一口饮料（除了水和

药物）的时间。你可能会认为你已经有了一个时间表，但我的研究表明，很可能你没有。我们用食物来保持精力充沛或放松。周末带来了不一样的挑战，因为我们通常处于完全不同的安排，社交活动一直持续到深夜。持续追踪会清楚地告诉你是否遵守某种模式。

你的就寝时间?

这又是一个很难回答的问题。起床时间是由我们的工作安排来决定的，因此你的就寝时间通常决定了你的睡眠时间。我们中有些人在工作日有固定的时间表。有些人可能每天都有固定的上床时间，但在工作日和休息日醒来的时间不同。最准确的答案是你关灯、查看上一个电子邮件/短信/社交媒体账号并且闭着眼睛躺在床上的时间。

你什么时候关掉所有的屏幕?

就在五十年前，当有人离开客厅时，他或她就会从社交和娱乐活动中抽离出来，放松身心并入睡。在电视出现的早期，也没有太多的深夜节目。许多电视台过去常常在黄金时段的节目结束后就停播节目。但随着全天候的社交媒体、电视和数字设备上的流媒体娱乐功能，了解自己何时离开虚拟社交活动变得很重要。

一旦关掉电子设备，我们的大脑就需要花费几分钟的时间来放松。我们的眼睛从数字屏幕接收到大量的光线，所以关掉屏幕也是我们关掉所有输入到大脑的光线时的一种信号。

你什么时候运动?

运动时间或剧烈的体力活动对昼夜节律和睡眠有明显的影响。所以，什么时候锻炼很重要。

评估你的回答

这六个作息时间点的回答会让你对自己现有的昼夜节律系统有一个很好的了解。并没有神奇时间表可以适合每一个人。但是，请使用以下信息来确定从何处开始更改。即使是很小的改变也会对你的健康、工作效率和远离疾病有很大的帮助。前四个类别（即表格中提到的你什么时候醒来，什么时候上床睡觉，你几点吃/喝今天的第一口，你几点吃/喝今天的最后一口）都显得更为重要，几乎与每个人都息息相关。

·如果在一周中（工作日与休息日之间），六个问题的答案都相差两小时或更久，那么你就有很大的改进空间。你将很容易找到至少一个需要改进的类别。有时，改进其中一个类别会自动将其他几个类别调整到适当的范围内。

·看看你每天睡眠的总时长：美国国家睡眠基金会（National Sleep Foundation）建议成年人每晚至少睡 7 小时，儿童至少需要 9 小时。[12,13,14]如果你睡眠不足，并且早晨醒来时感到疲倦，那么你首先要做的就是早点上床睡觉，或者制定一个至少能让你在早上多睡 30 分钟的计划。如果你睡了超过 7 个小时，但醒来后仍感到困倦，那么也许你的睡眠质量不达标。请记住，每周只要有三天的睡眠不足就会影响你的最佳状态。

·查看你的胃工作的总小时数：以一周中的任何一天中最早吃的时间和一周中的任何一天中最晚吃的时间为准，而忽略“正常常规”之外的一个异常值。这是你的肠道最有可能准备处理食物的时间段。如果这个数字大于 12，这是个好消息：你需要做一些改变，它将对你的健康产生最大的影响。而且，你并不孤单：只有 10% 的成年人在不遵循此类计划的情况下坚持 12 小时或更少的进食时间段。那些能在 8 到 11 小时内吃完所有食物的人将会获得最大的健康益处。

·将你最后吃东西的时间与你的就寝时间进行比较。理想情况下，相差应为三小时或更长时间。

这就是全部？是的。你可能会感到惊讶甚至有点生气：调整这几件事就可以改善你的健康？那么计算卡路里呢？还有低碳水化合物、无糖、原始人饮食（Paleo）、纯素食、地中海饮食、蓝色区域饮食（Blue Zones）、阿特金斯饮食（Atkins）或战士饮食呢？还有像鱼油或绿茶这样的关键补充剂呢？你不必再担心它们。请稍停片刻，想一想——仅仅一百年前，全世界的人们就依靠居住地食用不同类型的食物：在纽约没有中餐外卖，在印度没有贝果。而且，无论是高脂肪、碳水化合物还是蛋白质，没有任何特定类型的饮食与慢性疾病相关。但是我们世界各地的祖先都有一个共同点——那就是他们吃得少，进行更多的体育活动，睡得更多，并且由于没有人工照明，他们像时钟一样精确地完成日常生活。再次强调，适时与事就是一切。

事实上，进食时间是其他行为习惯的重要纠正者。从临床上我们观察到，当人们试图在 8 小时、10 小时或 12 小时内吃完所有的食物时，他们同时也在挖掘我们具有昼夜节律的身体和大脑的智慧。这也意味着一种对卡路里摄入量的自然控制开始了，因为尽其所能他们实际上也不可能在短时间内吃太多的食物。这意味着，当你习惯了较小的进食时间段，少吃点食物会让你感到更加满足。

正如我们常说的，好习惯会带来更多的好习惯。几周以后，人们开始做出更好的食物选择。普通的饼干看起来不那么诱人，而油炸食品看起来也不那么美味。更重要的是，随着荷尔蒙平衡得到恢复，你的免疫系统、情绪、睡眠、幸福感和性欲都会得到改善。如果你正在服用治疗血压、胆固醇或血糖的药物，调整你的昼夜节律也可以改善康复状况，你可能只需要较少的剂量就能保持健康。

加入我们的团队

我创建了一个提供信息的应用程序，可以让你轻松跟踪你的昼夜节律密码。请访问 mycircadianclock. org 并进行注册，参加一项为期 14 周的研究，并为你的手机免费获得 myCircadianClock 应用程序。这是查看个人更为详细的饮食、睡眠习惯的好方法。随着昼夜节律领域的发展以及我们在临床科学和公共卫生领域的发现，我们将定期通过应用程序和博客文章向用户传递新的信息。

参与这一研究，你只需要记录包括水和药品在内的你吃喝的所有东西，只需要拍摄照片并通过应用程序上传。你也可以记录你的睡眠或者将活动或睡眠跟踪器与应用程序配对。前两周的记录将会帮助你弄清自己在日常工作中所处的位置以及解决任何相关问题而需要进行的改变。

当这些照片上传到我们的服务器上时，我们会把它们放在一条时间线上，以便我们轻松查看你何时进餐。我们称其为“进食图谱”（feedogram）。你可以通过应用程序查看自己的进食图谱。例如，这个人每天全天随机进餐。

在评估自己的昼夜节律习惯的前两周后，需要 12 周的时间逐渐养成新习惯并使其影响你的基因。我们现有的习惯和环境就像影响我们 DNA 的另一层信息一样。这被称之为表观遗传密码（epigenetic code）。它是如此强大，以至于以一种使我们感到无法摆脱它们的方式来强化我们的习惯。当你试图改变你的习惯时——无论是运动、新的食谱甚至是新的饮食习惯，旧的表观遗传密码都使养成新习惯变得困难。在这里，你需要一些意志力来对抗旧习惯并养成新习惯。当你的身体看到这些新习惯带来的积极效果时，它将慢慢适应它们，并且你的旧表观遗传密码将被新密码代替，这些新密码会自动推动你保持新的习惯。

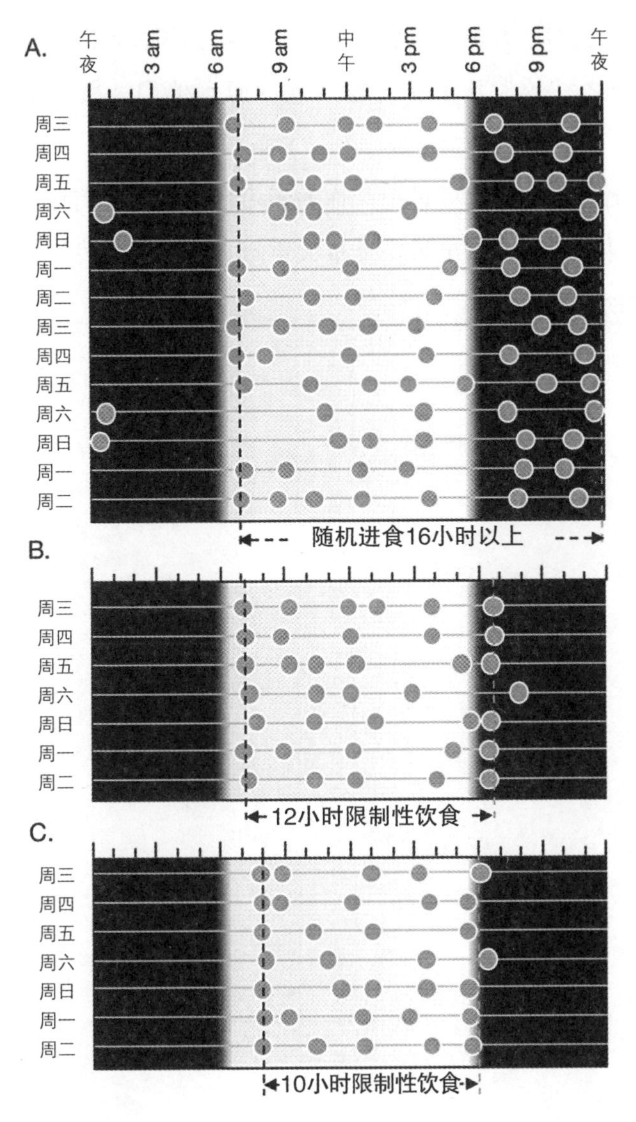

各种典型的“进食图谱（Feedogram）”：(A）习惯从早上六点到午夜随机进食的人，(B）养成 12 小时限制性饮食（TRE）一周的人，以及（C）养成 10 小时限制性饮食（TRE）一周的人。每条水平线代表一天 24 小时，每个圆圈的位置代表这个人在相应时间所吃的食物/饮料。

到目前为止，我们已有成千上万的参与者，我们利用他们的数据已经得出了一些非常重要的发现。在本书中的案例，都来自直接参与我们研究的人或遵循该计划并直接与我联系的人。我们几乎立刻就发现人们吃得比他们意识到的要多得多。例如，大多数人认为他们一天吃三顿饭，但我们的参与者中有整整三分之一的人几乎一天吃八次，而且他们一直吃到深夜。

当你按照计划行事时，你还可以通过记录你的新习惯，告诉我们什么是对的，什么是错的，从而对科学做出另一个重大贡献。这将帮助我们指导你，你的经验也将帮助到别人。

第二部分

昼夜节律生活方式

第 4 章　最佳睡眠的昼夜节律

现在我们知道了昼夜节律是如何工作的，下一步就是利用它来从白天的活动和夜间休息中获得最大收益。我们的目标有两个：首先，我们希望将我们的活动调整到一天中与我们的生物钟最同步的最佳时间。我们希望在食物代谢最高效的时候进食，我们希望在大脑和身体处于最佳运作状态的时候活跃起来，我们希望获得适量的睡眠，以便我们明天可以继续高效的一天。其次，我们可以修复并重新训练我们的生物钟，以改善健康状况。

我们可能以为首先要解决的是饮食习惯，当然这是一种完全理性的猜测。但实际上，昼夜节律时钟将重新调整以适应我们的夜间活动，即限制我们获取光线并提高睡眠质量。因为睡眠并不是一种被动的体验：人体在前一天夜间通过睡眠为第二天做好准备。就像我们在十二月三十一日庆祝新年一样，睡眠是我们机体一天的开始，而不是结束。

每天，我们的身体都会与大量造成细胞损伤的应激源进行斗争。晚上，我们不仅要对身体进行必要的修复；大脑也在忙着巩固记忆并发出指令，以使我们为下一轮活动做好准备。晚上发生的变化对我们第二天的感觉至关重要。这就是为什么当我们身体健康、睡眠充足的时候，我们醒来后会感到神清气爽。

睡眠的阶段

当具有安静睡眠和活跃睡眠周期时，就会产生良好的睡眠。安静睡眠又细分为三个阶段，它们以特定的顺序发生：N1（浅度睡眠）、N2（轻度睡眠）和N3（深度睡眠）。除非有什么干扰了这个过程，否则你将顺利地从一个阶段平稳地进入下一个阶段，并且在这个过程中，你的身体和大脑会根据你的生物钟执行不同的功能。首先，在从清醒状态过渡到轻度睡眠的过程中，你仅在N1阶段睡眠中花费了几分钟，但你的身体和大脑却变化迅速：你的体温开始下降，你的肌肉放松，你的眼睛从一侧向另一侧缓慢移动。在N1阶段，你开始失去对周围环境的意识，但你很容易被唤醒。

N2阶段（轻度睡眠）实际上是真正睡眠的第一阶段。在这个阶段，你的眼球是静止不动的，你的心率和呼吸减慢。当脑电波加速约半秒或更长时间时，大脑活动就会出现短暂的脉冲，这种脑电波被称作睡眠纺锤波（sleep spindles）。一些研究人员认为，睡眠纺锤波在巩固记忆方面发挥了作用。

N3阶段（深度睡眠）发生在大脑对外部刺激的反应减弱而难以唤醒时。你的呼吸变得更加规律。你的血压下降，脉搏速度会比清醒时慢20%到30%。流向大脑方向的血液变少了，大脑的温度也降低了。在此阶段结束之前，对抗重力保持直立的肌肉会完全放松，从而阻止你在睡梦中活动。然而，在有些真正的睡眠障碍者身上（例如梦游和睡眠进食）并不会发生这种变化。在这一阶段睡眠不足可能会影响白天的创造力、情绪和精细运动技能。

包括以上三个阶段的安静睡眠与活跃睡眠交替进行，活跃睡眠被称为REM睡眠，即快速眼动睡眠（rapid eye movement sleep）。在这段时间里，你的身体是静止的，但你的思想却在加速。你的眼球在紧闭的眼睑后来回滚动。你的血压升高，心率和呼吸速度加快到白天的水平。梦境也发生在快速眼动睡眠中。我们每晚通常有三到五个快速眼动睡眠周期，每 90 到 120 分钟发生一次。第一阶段（N1）通常只持续几分钟，快速眼动时间在随后的整个晚上逐渐增加。在这段时间里，大脑专注于学习和记忆。

每次从安静睡眠进入快速眼动睡眠时，你就完成了一个睡眠周期。为了达到最佳的健康状态，你需要在整个晚上平衡不同类型的睡眠。成年人每晚至少需要连续 7 个小时的睡眠。因此，如果你把自己的睡眠时间缩短 90 分钟或更长，你就会损失相当于一个完整睡眠周期的时间。当你牺牲一个或多个快速眼动（REM）睡眠周期时，你的昼夜节律可能会被打乱。

在这 7 个小时内，有一个关键的 4 小时窗口。你可能会注意到，在晚上十点到凌晨两点之间，或者入睡后的前 4 个小时，你的睡眠质量最好。这是因为最初的几个小时是用于偿还你的睡眠债的。它们能消除你睡觉前的欲望和疲倦。这就是为什么如果你在这 4 个小时之后醒来可能会再难入

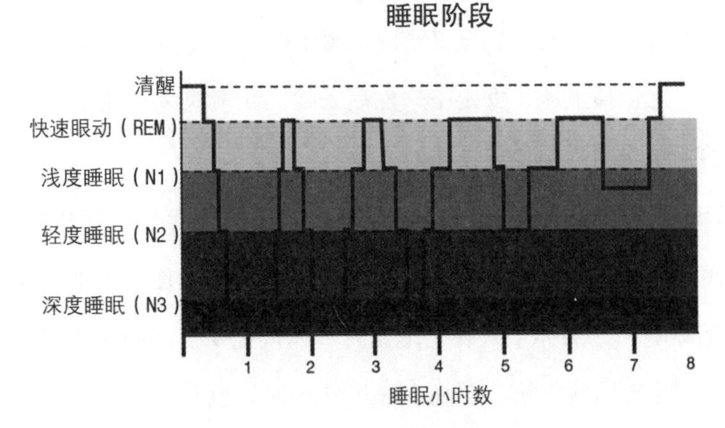

在一个 8 小时的夜晚中，睡眠的不同阶段。

睡的原因：你不再有最初让你感到疲劳的睡眠债了。接下来的三个多小时的睡眠会使你的大脑和身体得到滋养，让它有更多的时间来修复和恢复活力。

不得不在白天睡觉的轮班工作者也会经历昼夜节律紊乱。由于这不是生物节律发出睡眠信号和接受光线的典型时间，所以轮班工作者即使在白天尝试睡 7 个小时，也无法在白天获得最大的睡眠周期数。这就是为什么当你在白天小睡时，你很少会有超过两到三个小时的睡眠——你的昼夜节律不允许。

了解睡眠债（sleep debt）

一旦我们醒来，我们的 SCN 主时钟就开始记录清醒的时间。我们每醒着 1 小时，就需要睡 20 到 30 分钟来补偿。到了晚上，这些器官独特的时钟会相互同步，为睡眠创造完美的条件。大脑中的松果体开始产生睡眠激素褪黑激素。与此同时，心脏时钟指示你的心率减慢，而 SCN 指示身体降温。然后，当时机合适、灯光很暗的时候，你便进入睡眠状态。

成年人每晚应给自己连续 8 小时的睡眠时间，而孩子应该有 10 小时的睡眠时间。这包括上床、安定下来然后入睡。儿童应该每晚至少睡 9 小时，成年人的睡眠时间不应少于 7 小时。[1,2]

"睡眠债"指的是你应该得到的睡眠时间和你实际得到的睡眠时间之间的差额。因此，如果你昨晚睡了六个半小时，那么你一天的开始就有了 30 分钟的睡眠债。当你当天晚上睡觉时，你首先要偿还前一天晚上的睡眠债务。这意味着即使你第二个晚上睡了 7 小时，也只能算作六个半小时的睡觉时间。这就是我们周末经常起床得很晚的原因之一：这是身体偿还全部债务的一种方式。

“睡眠债”会增加我们的睡眠倾向，而昼夜节律则指示我们何时应该入睡。例如，如果你连续两天保持清醒状态，那么你的睡眠债过多，无法在一个晚上还清。你可以继续睡觉，但是你的生物钟不允许你连续睡 16 个小时。第一个晚上你可能睡 8、9 或 10 个小时，然后昼夜节律驱动你起床。第二天你仍然很困，因为时钟告诉大脑该保持清醒了，但是睡眠债告诉大脑你应该继续睡觉。这种矛盾会持续到第二天晚上，直到你补充的睡眠偿还了所有债务为止。

打盹对偿还睡眠债很重要

白天小睡是偿还睡眠债的一种方式。例如，如果你一周中欠下了 2 个小时的睡眠债，那你在周六下午小睡一会就有可能在一次小睡中偿还这笔债务。但请注意不要睡得太久：睡眠时间取决于你的生物钟和你当天醒着的时间。长时间的午睡可以消除自早晨起逐渐积累的睡眠压力，但是下午的睡眠时间越长，你当晚入睡的时间会越晚，在晚上也就会更加难以入睡。

只有在你倒时差的时候，或者你是一个真正的轮班工作人员，并且你想在晚上睡觉，或者你真的想在晚上早些时候睡觉，午睡才会对你不利。在这种情况下，最好是养成晚上睡觉的习惯，然后在第二天早上重置生理时钟。

睡眠和寿命的 U 型曲线

达到规定的睡眠时间是有实际好处的。通过跟踪一百万人，研究人员发现了一种模式，即睡眠和寿命的 U 型曲线。[3]长期睡眠不足的人比每晚睡足 7 小时的人更容易早死。同样，睡眠时间长达 10 到 11 个小时的人也可能寿命较短。拥有理想体重指数（BMI，追踪体重与身高比的标准健康指标）的大多数人也被证明每晚睡眠 7 个小时。总之，睡眠过多或过少都是有害的。

要想知道你是否处在 U 型曲线的最佳位置的一种方法就是跟踪你的睡眠习惯。你可以使用第 3 章的图表来填写你睡眠和起床的时间，或者你也可以使用 myCircadianClock 应用程序（可以在 mycircadianclock.org 上找到）或者任何可穿戴式睡眠追踪器。你对自己的睡眠模式了解得越多，就越容易纠正。无论你年龄多大，以下准则都是维持你的昼夜节律的理想方法。

你睡得好吗?

问问自己以下三个问题，以清楚了解你的睡眠质量。

问题 1：你什么时候上床睡觉？你需要多长时间才能入睡？

首先，让我们把标准降低一点：大多数人不会关灯后就马上睡着。对于一个有良好睡眠习惯的普通人来说，你应该能够在上床、关灯后的 20 分钟内入睡。在这 20 分钟里，你和睡眠之间应该没有别的东西：没有书，没有电话，没有光。

如果你很难入睡，而且在床上躺了半个多小时，翻来覆去，辗转反侧，那就表明你难以入睡。失眠的定义就是：难以入睡。

失眠的主要原因有：

- 忧虑：压力激素皮质醇增加，使我们保持清醒
- 食物过多：使核心体温过高而无法入睡
- 运动太少：促进睡眠的肌肉激素的产生减少
- 晚上在明亮的光线下花费太多时间：激活黑视蛋白，减少褪黑素的产生

整个寿命期间的建议睡眠时间

年龄		你睡了几个小时		入睡前在床上的时间（分钟）			醒来超过 5 分钟的次数		
		理想	非建议	正常	临界值	需要和你的医生聊聊	正常	临界值	需要和你的医生聊聊
新生儿	0—3 月龄	14—17	＜11 或＞19	0—30 分钟	30—45 分钟	＞45 分钟	醒来几次是正常的		
婴儿	4—11 月龄	12—15	＜10 或＞18	0—30 分钟	30—45 分钟	＞45 分钟	醒来几次是正常的		
幼儿	1—2 岁	11—14	＜9 或＞17	0—30 分钟	30—45 分钟	＞45 分钟	1	2—3	＞4
学龄前儿童	3—5 岁	10—13	＜8 或＞16	0—30 分钟	30—45 分钟	＞45 分钟	1	2—3	＞4
学龄儿童	6—13 岁	9—11	＜7 或＞15	0—30 分钟	30—45 分钟	＞45 分钟	1	2—3	＞4
青少年	14—17 岁	8—10	＜7 或＞13	0—30 分钟	30—45 分钟	＞45 分钟	1	2	＞3
年轻人	18—25 岁	7—9	＜6 或＞11	0—30 分钟	30—45 分钟	＞45 分钟	1	2—3	＞4
成年人	26—64 岁	7—9	＜6 或＞10	0—30 分钟	30—45 分钟	＞45 分钟	1	2—3	＞4
老年人	＞65 岁	7—8	＜6 或＞10	0—30 分钟	30—60 分钟	＞60 分钟	2	3	＞4

M. Ohayon et al.，“National Sleep Foundation's Sleep Quality Recommendations: First Report,” *Sleep Health* 3，No. 1（2017）:6 - 19.

问题 2：你在夜间醒了几次?

零散的睡眠被定义为在夜间多次醒来至少几分钟，直到难以再次入睡为止。这种类型的睡眠不是最佳的，因为大脑只会记录你睡眠的时间，并且在这些零碎的睡眠期间，它的反应就像根本没有任何睡眠一样。例如，如果你在床上躺了 8 个小时，但醒来三到四次，那么你的大脑可能只记录了四到五个小时的实际睡眠时间。即使你每次只醒来 10 到 15 分钟，也需要额外的时间才能回到深度睡眠阶段，那么你就会错过这种连续不间断的睡眠。

随着年龄的增长，我们的睡眠变得越来越脆弱，经历零散的睡眠是很常见的。我们的觉醒阈值随着年龄的增长而降低，所以我们会被简单的噪音或干扰弄醒。然而，如果你将你的睡眠时间调整为与昼夜节律相一致的话，你将可以拥有整夜不间断的睡眠。

零散睡眠的主要原因有：

- 脱水
- 环境温度过高或过低
- 晚上进食太晚导致胃酸倒流
- 和宠物一起睡
- 打鼾 / 睡眠呼吸暂停症
- 其他噪音

问题 3：早上醒来的时候你觉得精力充沛吗?

如果你需要闹钟才能醒来，或者你醒来时感到困倦或迷茫，那么你醒来时并没有感到休息好，这很可能是因为你没有得到足够的睡眠。

我们的祖先睡眠模式的神话

互联网上似乎流传着一些神话：我们的祖先睡几个小时后会在半夜醒来，他们会做一些例如做爱或进食的活动，然后继续睡觉。然而，研究结果并不支持这一神话。就在 2016 年，科学家们对包括坦桑尼亚的哈扎族（Hadza）和阿根廷的托巴族（Toba）的原住民群体进行了研究，这些群体没有电力照明。[4,5]他们睡在自己的小屋里，有时甚至睡在开阔的田野里。当科学家将睡眠追踪器放置在这些人身上很多天时，他们并没有发现任何两段式睡眠的迹象。这些人通常睡 7、8 或 9 个小时。他们在晚上九点或晚上十点上床睡觉，黎明时分醒来。

实际上，两段式睡眠是我们现代生活中更常见的一种模式。很多人在睡了 3 到 4 个小时（还清睡眠债务的时间窗口）后醒来，发现很难再入睡。沮丧之下，他们可能会开始在电脑前工作，开始读书或者去厨房拿一碗麦片粥。这种睡眠方式与你的昼夜节律相反，这是本书将帮助你打破的习惯之一。

在户外度过一天，将使你对夜间的室内照明更容易忍受

如果你在海滩上或日光充足的公园里度过一整天（4 至 5 个小时），那么你对夜晚明亮的室内灯光就不太敏感。当我在肯尼亚的马赛马拉野生生物保护区露营时，我每天至少要暴露在 8 小时的强光下，并且没有人造光。我好像生活在 1000 年前的世界，每天晚上我都睡得很好：每晚七个半小时。一周后，我在内罗毕的一个实验室工作，那里有很多窗户可以让自然光透入。即使我大部分时间都在室内，但我每天有 3 个小时处于自然光下。那些夜晚我睡得很好，但没有我露营的晚上睡得长。然后我回到了圣地亚哥。我的办公室只有有限的自然光，几乎一个小时的日照都没有。看看我下面的睡眠图表。你可以看到，由于白天缺乏阳光，在家里我并没有睡好。

注意一下你白天得到了多少光线。如果你唯一能回忆起看到天空的时间是开车上下班时，那么很有可能你没有得到足够的自然光线。在一天的休息时间里，试着到户外走几分钟。更好的办法是，在户外或者在大玻璃窗旁边开会，这样你就可以享受到充足的阳光。

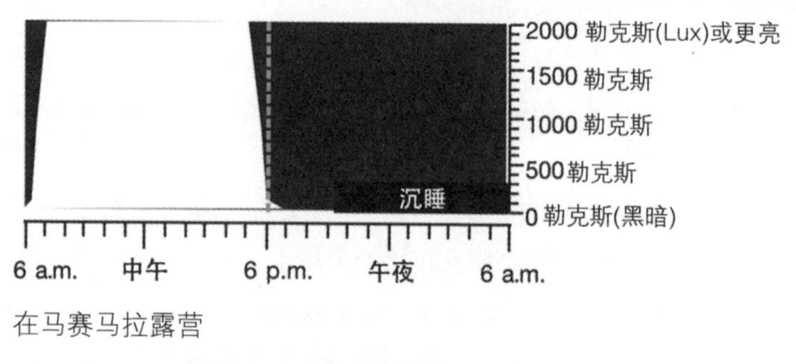

在马赛马拉露营

几千年来，人类的光照与这张图相似。

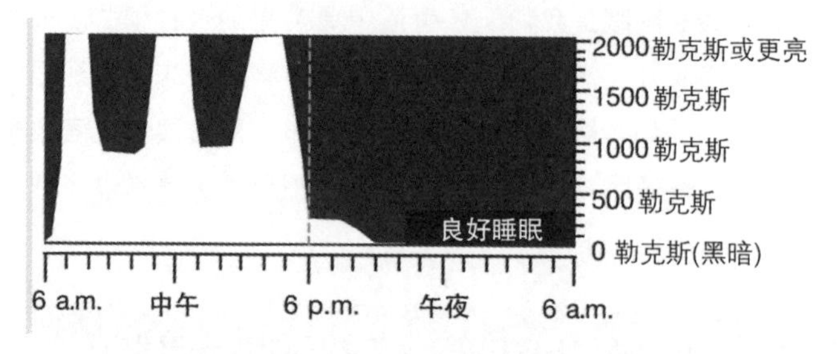

在内罗毕的卡伦工作

在阴凉处或有大窗户的室内工作。类似于前工业时代。

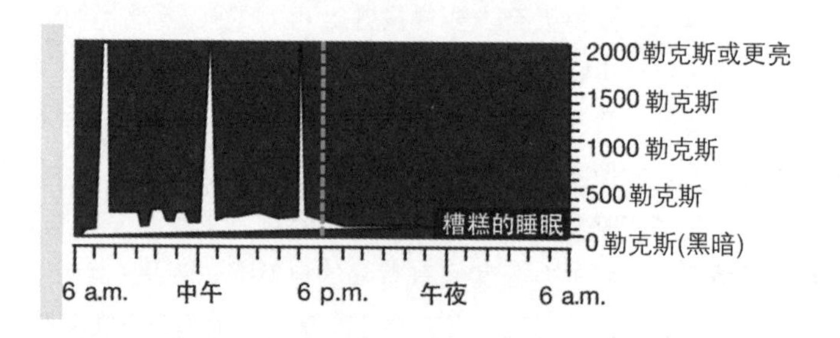

在我圣地亚哥的办公室

在办公室工作，或典型的家庭室内环境，这就是大多数人在现代社会的经历。

睡眠不好将破坏你的昼夜节律

在美国，大约有三分之一的成年人受到零散睡眠和睡眠不足的影响。这意味着你早上开车去上班的时候，看看你的左边、右边和你的前面：其中一个司机实际上是睡眠不足的（如果不是你的话）。

不管你多大年纪，睡眠不足都会导致表现不佳，这对短期和长期都会产生影响。短期而言，仅仅一个晚上的睡眠不足，成年人可能会在第二天头昏脑涨和思维混乱，从而影响他们的决策、反应时间和注意力。例如，当你睡眠不足时，你的表现会比喝了两杯酒的人更差。[6,7]毫无疑问，睡眠不足的儿童和青少年在学校的表现不如睡眠充足的儿童和青少年。即使是幼儿也会受到影响，睡眠不足会让他们看起来更烦躁或更难相处。

当习惯性睡眠不足时，长期后果会更加严重。一项研究表明，患有注意力缺陷多动障碍（ADHD）的儿童，如果他们晚上有足够的睡眠，白天有充足的光照，那么他们的症状就会减轻。[8]睡眠习惯不好的成年人更容易出现焦虑和抑郁，老年人可能会出现记忆障碍。[9,10]

少睡也意味着要做更多其他的事情，通常情况下这就意味着晚上暴露在更多的光线下，或者是白天或晚上吃更多的食物。睡眠剥夺直接影响我们的饥饿和饱腹感激素，如生长激素释放肽（ghrelin）和瘦素（leptin），两者均具有昼夜节律性。当胃空了，生长激素释放肽在胃中产生，这是大脑感到饥饿的信号。瘦素由脂肪细胞产生，并向大脑发出饱腹感的信号。然而，糟糕的睡眠模式会破坏这些信号，因为大脑无法得到这两种信息中的任何一种，这就导致我们更容易饮食过量。英国的一项研究追踪了数百名三至十一岁的儿童。他们发现，每天晚上都在同一时间吃饭并早睡的孩子在十一岁之前患肥胖症的可能性要小得多。[11]这些孩子的睡眠和新陈代谢都有很强的昼夜节律。

慢性睡眠问题的迹象

醒来感到关节痛可能是你连续几天没有睡好觉的迹象。体内的炎症应该在睡眠时减少。如果你没有足够长的睡眠时间，炎症就没有时间消退。你可能会发现，如果连续三到四个晚上睡眠少于6小时，当你醒来时，你的关节就会僵硬，或者你的膝盖会疼痛。然而，如果你能有一个更好的睡眠时间表，你可能会发现：不用任何药物，无需任何运动或饮食习惯就可以减轻疼痛。

不幸的是，对许多人来说，深夜里吃宵夜是睡前的常规动作。当我们睡眠不足时，我们知道瘦素和生长激素释放肽会以同样的方式来破坏饮食节律，同时有许多机制会导致我们饮食过量。我们认为其原因是大脑想要确保我们有足够的热量来维持这段时间的活动。但在肯·莱特（Ken Wright）的睡眠实验室进行的对照研究中，那些将睡眠时间从8小时减少到5小时的参与者，摄入的热量始终超过让他们额外清醒的几个小时所需的热量。[12]这一发现并不意味着大脑需要额外的食物才能在没有睡眠的情况下正常运转。相反，缺乏睡眠的大脑或夜间暴露于强光下的大脑会渴望摄入更多的卡路里，从而导致体重增加。

夜晚的灯光将养成坏习惯

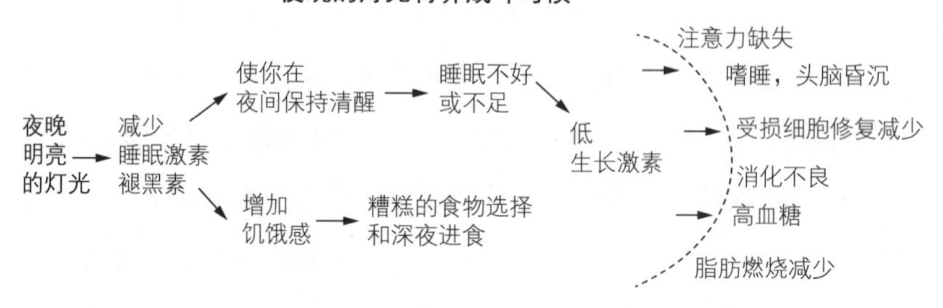

晚上明亮的灯光对大脑和身体都有不良的多米诺骨牌效应。如果你能控制自己暴露在夜间光线下，并在夜间抵制进食的诱惑，你就能够打破这种模式。

事实上，即使是一个昏昏欲睡的大脑在没有食物的情况下也可以一次连续数小时更好地工作。美国国立卫生研究院马克·马特森（Mark Mattson）实验室的研究表明，禁食时间较长的小鼠具有更好的大脑功能，因为限制进食时间可以增强脑细胞之间的连接或突触。[13]不管我们休息的怎么样，神经元之间更强的联系都意味着大脑可以更好地思考和记忆。

让我们入睡吧！

改善睡眠的基本经验是首先要增加睡眠的动力，并避免抑制或破坏睡眠的因素。

在白天，入睡的动力受到很多因素的影响：

• 醒着的时间长度：我们醒着的每一个小时，睡眠驱动力都会增加。如果你想早睡，你就应该早起。

• 运动或身体活动：身体活动，尤其是在阳光下或漫射日光下的户外活动，会增加入睡的动力。

• 咖啡因摄入的时间：咖啡因会减少我们的睡眠驱动力并使我们保持清醒。在中午之后减少咖啡因摄入是一个很好的经验法则。

食物、时间和睡眠

在深夜进食不仅不利于新陈代谢，还会影响睡眠。这种习惯会同时干扰入睡和深度睡眠的保持。为了入睡，我们的核心体温必须下降近 1 华氏度。但是当我们进食时，我们的核心体温实际上会随着血液进入肠道系统帮助消化和吸收营养而升高。因此，深夜进食会阻止我们进入深度睡眠。为了有一个良好的睡眠，我们应该在睡前至少 2 到 4 个小时吃完最后一餐，以确保身体能够冷却下来。

在我的实验室里，我们发现那些遵循 8 或 9 小时限制性饮食（time-restricted eating，TRE）时间表的小鼠睡得更好。它们的核心体温下降，进入更深的睡眠。令人惊讶的是，它们的睡眠时间并不会比随机进食的小鼠的睡眠时间长，但对它们大脑的电子记录显示：它们的睡眠更深，而且可能更安静（我们没法问小鼠睡眠是否良好）。尽管我们不知道具体原因，我们也经常发现时间限制性饮食可以通过提高觉醒阈值来改善睡眠。换句话说，在限制性饮食条件下，基本的睡眠驱动力没有改变，但是限制性饮食使小鼠进入更深的睡眠（更高的觉醒阈值）。

通过我们的应用程序 myCircadianClock，我们观察到许多做了 10 小时限制性饮食的人报告说他们的睡眠有了显著改善。事实上，他们中的一些人不是为了减肥而进行限制性饮食，而是为了晚上睡得更好。[14]

睡前饮酒与吃甜食相比有很大的不同，但同样具有破坏性。酒精饮料会以一种矛盾的方式使你脱水，你在睡前喝得越多，你在半夜就会越渴。宿醉实际上是你的大脑对没有足够水分的一种反应。因此，虽然有些人可能会在深夜喝点酒入睡，但他们通常很难保持入睡状态。如果你喜欢在晚餐后喝鸡尾酒，你可以尝试在晚餐前或晚餐期间喝，但一定是在睡前的 2 到 4 个小时。

一旦你习惯了晚上睡个好觉，喝一杯葡萄酒似乎就不那么吸引人了。例如，我们研究小组的一个人过去常常在晚餐后喝三四杯鸡尾酒。一旦他开始减少饮酒，他发现自己的睡眠质量更好了。一段时间后，他完全戒掉了鸡尾酒。他告诉我："我不再喜欢鸡尾酒了，我真的很喜欢晚上更好地睡眠。"

杰伊没法整夜入睡

杰伊现年四十一岁，从事压力很大的管理工作，他工作非常忙，以至于他从来没有时间锻炼身体。我第一次见到他的时候，他至少超重 40 磅（约 18 公斤）。他告诉我他的睡眠很糟糕：他每晚醒来两三次，然后立即开始担心自己无法再次入睡。作为补偿，他试图每晚在床上躺 8 小时，但因为他的睡眠是支离破碎的，他醒来时从未感到过神清气爽。

我建议他尝试限制性饮食，将他的餐点每天合并成 10 个小时之内。几周后，杰伊联系了我，听起来他过得很棒。尽管之前我们曾追踪到他每天最多吃 15 个小时，但他花了很短的时间就适应了这种饮食习惯。他报告说，在短短几周内他就可以连续睡觉 7 小时。他还瘦了约 10 磅（约 4. 5 公斤），这对我来说并不奇怪。但真正有趣的是，杰伊告诉我，他每天早上都感觉精神焕发，只睡了 7 小时就变得更有效率了。他不必在床上躺上 8 小时，也可以多花一点时间陪伴家人。

胃酸反流问题

有些人半夜醒来会胃酸反流，或者有一种只有食物才能缓解胃部的不良感觉。人们选择的食物似乎是一碗麦片粥，但这会带来两个问题：牛奶中的蛋白质促使胃产生更多的酸，而麦片粥中的碳水化合物导致血糖升高。

如果这对你来说是一个持续的问题，请咨询你的医生，但我的建议是不要用食物来治疗胃酸反流，而是服用相应的药物。但更重要的是，远离那些深夜小吃，它们实际上是造成反流的根本原因（你将在第 9 章中了解所有这些信息）。当你远离深夜零食并吃得更健康更早，你也许可以摆脱药物治疗，因为你的胃酸将减少到不需要药物且无须醒来吃东西的程度。

夜晚的光线会抑制睡眠

最简单的睡眠修复方法是保持黑暗的睡眠环境。每个人都知道在明亮的光线下很难入睡，因为生物钟会阻止你在亮光下的睡眠。蓝光传感器捕捉到强烈的光线来抑制睡眠并促进清醒。然而，光谱中的其他颜色（特别是橙色和红色）在抑制睡眠方面效果较差。

请注意你晚上接触的光线类型。我们无法回到黑暗时代，也无法在日落之后就关掉所有的灯，但是控制我们暴露在光照下的时间可以对改善睡眠和保持健康产生巨大的影响。如果你发现自己对光特别敏感，请尝试使用眼罩。确保它是舒适的并且当你移动时它能保持在原位。如果太紧，早上醒来你的耳朵可能会感到酸痛，但正确舒适的眼罩确实可以真正改善你的睡眠。

青少年和睡眠

青少年尤其容易受到光线的影响从而破坏昼夜节律。他们不仅因为家庭作业或其他活动而更有可能在晚上保持清醒，还有研究表明青少年对光线非常敏感。[15]这意味着晚上暴露在强光下会延迟他们的睡眠并降低其褪黑素的产生。

我们至少可以做两件事来帮助我们的青少年。首先，我们可以在晚上准备一顿早晚餐，这样他们就可以在睡觉前空腹。他们最有可能在晚餐后 3 到 4 小时内入睡。同时，我们还应该通过告诉他们黑暗和睡眠的重要性来教育他们。或许我们可以为他们创造一个有利于睡眠的环境来让他们做作业，这包括一张桌子和一盏可以照亮桌子但不会刺激他们眼睛的灯。

微小的灯光变化可以产生巨大影响

我并不是建议我们晚上在一个黑暗的房间里度过，直到我们上床睡觉。有许多技术和产品可以帮助我们减少暴露在蓝光下的机会。例如，在晚上，关闭顶灯而改用台灯。对于像厨房和浴室这样的房间，调光器开关将帮助你轻松减少头顶上的环境光。甚至可以将灯光设置为在一天的不同时间关闭和开启。这些策略对青少年和成年人都有好处，因为减少我们在家中的照明量是很容易解决的。你将在第 8 章中了解有关特定照明产品和技术的更多信息。

加州大学圣地亚哥分校的迈克尔・高曼（Michael Gorman）用小鼠和光线做了一个简单的实验。[16]晚上，他打开了小鼠屋里一盏非常昏暗的灯。它比许多人在家里使用的普通夜灯要暗一些，几乎相当于从电视、手机或类似设备的指示灯所发出的昏暗灯光。令人惊讶的是，小鼠甚至对这种程度的昏暗光线都非常敏感，它们的睡眠周期也受到了影响。美国国家心理健康研究所萨默・哈特（Samer Hattar）实验室的最新研究表明：即使是来自无害光源的微弱光线也会影响动物的睡眠和昼夜节律。虽然这还有待于在人类身上进行严格的测试，但有趣的是，我们发现许多人对昏暗的光线非常敏感，他们使用眼罩或在覆盖所有可能光源的完全黑暗的房间里会睡得更好。

如果你在半夜醒来去喝水或者去洗手间，打开一盏灯会让你很难再次入睡。为了尽量减少光线，你可以在床边放一杯水，这将会在第一时间为你节省时间。如果你需要上厕所，在靠近手机的地方睡觉就变得很方便——你可以使用手电筒功能照亮地板来找到路。

我总是在床边放一杯水。有些人认为如果他们在半夜喝水，他们就会再次醒来。事实上，你喝的水不会超过几盎司。实际上，无视口渴会变得更糟：喉咙干燥可能成为你醒来的第一个原因。

破解通往良好睡眠的道路

良好的睡眠可以确保第二天更好的表现。它通过在你休息的时候增加生长激素的产生，使你的大脑和身体恢复活力，从而使你与你的昼夜节律更好地同步化。它可以在早上增加皮质醇的产生，从而帮助你保持清醒，并平衡你的饥饿和饱腹感激素，从而促进更强、更有效的新陈代谢。最重要的是，它可以同步所有内部时钟，从而使你的整个身体处于最佳状态。

如果你一直无法睡个好觉，或者时常在半夜醒来，请尝试以下方法：

调低室温

夜间身体必须冷却下来才能入睡。把卧室温度降低到 70 华氏度（约 21 摄氏度）或更低是个好主意，这样你的皮肤会感觉更凉爽。当这种情况发生时，血液会流向你的皮肤从而保持皮肤温暖。因为血液是从人体核心流出的，因此人体的核心温度可能会下降，你也就更容易入睡。

如果你无法控制家里的空调，那就在睡觉前冲个澡或洗个热水澡。温水还会促使血液流向皮肤并远离核心。

有些人睡着了，但几个小时后，他们醒来时感觉太热了。尝试更换你的毛毯从而找出最适合你的。如果毯子不是罪魁祸首，请考虑一下你的床垫。已知泡沫床垫能吸收热量。在最初的几个小时中，床垫实际上可以帮助你降温，但是在几个小时后，泡沫床垫可以将热量反射回你的身体并让你暖和起来。

调高或调低声音

在许多城市，声音和警笛声让人很难入睡。窗户上的三层玻璃会在很大程度上隔绝声音。多年来，轮班工作者已经适应了在卧室里吹风扇，以使嗡嗡声抑制或阻挡所有其他可能干扰他们的微小噪声。更现代的方法是使用白噪声机器（或白噪声应用程序）。这些设备可以通过与噪音抗争来使入睡和保持睡眠状态变得更容易：这台机器创建了一堵隔音墙，可保护你免受可能在睡眠中进入大脑的有害噪音的侵扰。

事实上，有些人觉得声音能抚慰人，帮助他们入睡。在你入睡时，把你的收音机或智能手机调好定时，以低音量播放几分钟放松音乐。

对一些人来说，比如我，即使是很小的声音（比如嘈杂的空调声或伴侣的鼾声）都会把我吵醒。这时耳塞就派上用场了。我旅行时总是戴着耳塞。然而，并非所有的耳塞都是一样的。有些软，有些硬，有些是硅胶，有些像海绵。你可能需要尝试一些才能找到最舒适的。看看哪一个适合你的耳朵，这样你早晨起来耳道就不会痛了。找到合适的耳塞后，你将立即获得更好的睡眠，它们会带来巨大的不同。

年龄不是借口：每个人都能拥有更好的睡眠

随着年龄的增长，我们的睡眠时间并没有变得需求减少。只是随着年龄的增长，我们对唤醒我们的各种因素变得更加敏感。尝试使用本章中建议的技巧，因为它们确实使入睡更加容易。例如，我过去只睡 6 个小时。采用所有这些技巧之后，即使在旅途中，现在我也可以轻松睡 7、7 个半甚至 8 个小时。

打鼾会影响你的睡眠吗?

打鼾可能是许多情景喜剧笑话的笑柄，但这可不是闹着玩的。当我们呼吸道周围增加了一些额外的脂肪或其周围的肌肉变弱时，成年人可能会打鼾。在这两种情况下，当睡觉的时候我们的气管会被堵塞，这就导致了打鼾。

打鼾在儿童中很少见，但当他们因为疾病或过敏而鼻塞时就会发生。孩子和大人鼻塞时都会在晚上睡觉时用嘴巴呼吸，这就容易打鼾。口呼吸减少了进入大脑的氧气量。这也会使大脑处于缺氧或低氧状态，这可能会增加如痴呆症、记忆力衰退等多种与大脑有关的问题和疾病发生的机会。

停止打鼾的简单技巧

治疗打鼾最简单、最不具侵入性的方法是使用温和的生理盐水喷剂或洗鼻壶。这是用来清洁和疏通鼻塞的。每天使用生理盐水喷雾对成人和儿童都是安全的。

你可以做的第二件简单的事情是使用让你的鼻子保持张开的助眠器。主要有两种类型：一种是贴在鼻子上，撑大患者的鼻腔，另外一种直接插入鼻内扩大鼻腔气道。这些不仅可以使鼻子整夜张开，还可以让你呼吸更多的氧气，这将大大改善睡眠质量。有时候，如果在漫长的一天工作结束时我感到疲倦，在下班开车时我会在鼻子上放一条 Breathe Right 鼻带，因为我知道感觉疲惫的其中一个原因是我的大脑在白天没有得到足够的氧气（因为我一直觉得很闷）。在那 30 分钟的通勤路程中，我得到了足够的氧气，所以当我到家的时候，我又充满了能量。

如果使用这些非处方治疗后打鼾还在继续，请咨询耳鼻喉专科医生（ENT）或胸腔科睡眠专科医生。

睡眠呼吸暂停很严重

阻塞性睡眠呼吸暂停（OSA）是导致睡眠剥夺的主要原因之一。在夜间，当你的鼻腔或咽喉有堵塞或阻塞，或舌头松软而部分或全部阻塞呼吸道时，就会发生这种情况。这些障碍物会剥夺大脑和身体的氧气，并引起一种自动反应让你醒来，刚好足够让你再次呼吸，尽管你可能还没有清醒到有意识的程度。这些不适可能会持续整夜，但是患有睡眠呼吸暂停症的人往往对此毫无头绪。相反，他们会在早上醒来但不会感到精神焕发，还会在醒来时感到口干或不得不在半夜反复使用洗手间。

有些患有睡眠呼吸暂停症的人会打鼾，但并不是所有患者都会打鼾。

并非所有的打鼾都被认为是睡眠呼吸暂停。在判断你是否患有睡眠呼吸暂停症这方面，你的伴侣可能比你更擅长侦查：如果有人告诉你，你在夜间会屏住呼吸，那么你可能就患有睡眠呼吸暂停症。

睡眠呼吸暂停不仅会影响睡眠的质量和数量，还会影响你的大脑健康。阻塞性睡眠呼吸暂停综合症通常伴随着认知问题，如记忆、注意力和视觉能力的缺陷。它也是心脏病和中风的主要危险因素，因为多达三分之二的潜在睡眠呼吸暂停患者患有高血压。[17]

一项睡眠研究可以帮助确定你是否患有睡眠呼吸暂停症。睡眠呼吸暂停的标准治疗方法是由医生开具的一种称为 CPAP 的持续保持气道正压的设备；保证气道通气，受过训练的医务人员会指导你如何使用这台机器。这是一种戴在口鼻上的面罩，与机器相连，以确保有持续的空气供应。还有其他设备和应用程序也可以监测你的氧气摄入量。

睡眠药物

睡眠药物虽然有效，但从未经过持续使用六个月以上的测试。我们不知道这些药物的长期益处或不良副作用是什么。如果你很想让你的医生开处方，请记住这一点。

睡眠药物分为两类。第一种是可以提高入睡能力的产品，例如唑吡坦（Ambien）、埃佐匹克隆（Lunesta）和替马西泮（Restoril）。如果你需要这种药物，可以考虑先尝试褪黑激素补充剂，因为它们可以减少从上床到入睡的时间。[18]

第二种药物是针对那些无法入睡或整夜醒来次数过多的人。这些睡眠药物，比如多塞平（Silenor），可以帮助睡眠不完整的人不受干扰地入睡，但其中一些药物的药效太强了，以至于早上人们仍然会感到困倦和头昏脑涨。这些药物能帮助你入睡，但不能帮助你醒来。

睡眠药物并不能永久解决你的睡眠问题，当你习惯了它们之后，你的大脑就会依靠药物来帮助你入睡。如果你经常服用睡眠药物，或者已经服用了很长时间的睡眠药物，那么你可能需要长达两周的时间才能在没有睡眠药物的情况下入睡。睡眠药物有很多不良副作用，包括头晕、晕眩、头痛、胃肠道问题、白天长时间的嗜睡、严重的过敏反应以及白天的记忆和表现问题。更重要的是，还没有纵向（长期）研究表明睡眠药物的有效性超过六个月。

我的建议是，如果你真的认为自己需要睡眠药物，请先尝试使用优质的褪黑激素补充剂。

褪黑激素补充剂

褪黑激素补充剂的促睡眠作用已知近五十年。我们需要褪黑激素帮助入睡。人体产生自己所需的褪黑激素，但随着年龄的增长，我们的松果体在夜间产生的褪黑激素会逐渐减少。六十岁的人产生的褪黑激素是十岁孩子的一半到三分之一。因此，如果你有睡眠问题，那么每晚服用一粒褪黑激素补充剂可能是合理的。

尝试在睡前 2 至 3 小时服用褪黑激素补充剂。但是，请注意褪黑激素会干扰血糖调节。餐后血糖自然升高，需要一个小时或更长时间才能恢复到正常水平。餐后服用褪黑激素可使血糖降至正常水平的速度减慢。因此，餐后立即服用褪黑激素补充剂是一个坏主意：餐后至少等一两个小时，这样褪黑激素就不会干扰你的血糖水平。

大部分人自身的褪黑激素水平将在他们日常就寝时间的前 2 至 4 小时开始上升。如果你的情况就是如此，那么就寝前两小时是服用褪黑激素补充剂的最佳时间。这意味着如果你打算晚上十点左右上床睡觉，请在六点享用晚餐，在八点服用褪黑激素补充剂。

褪黑激素的有效剂量似乎因人而异。有些人非常敏感，仅仅一毫克的小剂量可能就足够了，而有些人则需要服用五毫克才能获得更好的睡眠。

为航空旅行做准备

当你在三万英尺的高空飞行时，飞机的实际压力只有一万五千英尺。这意味着你实际上是在一万五千英尺高的山顶上度过了你的飞行时间。难怪你会头痛，大脑变得模糊，呼吸微弱并且无法在飞机上入睡：缺氧是个问题。这时，呼吸辅助设备就派上用场了，因为它能打开鼻孔，让我们比旁边的人多呼吸至少 20% 到 50% 的空气（和更多的氧气）。当我们到达目的地时，这可以减少长途飞行的疲劳和时差反应。

将飞行时间视为最佳的睡眠机会。不要看电视，而是戴上眼罩、塞入耳塞，然后尝试入睡。当你在飞机上用餐时，如果飞机上提供的食物与你的正常饮食习惯不符，就不要吃了。这对于你的昼夜节律不一定是健康的，而且肯定不会让你入睡。

改善睡眠的行为技巧

1. 当你无法入睡或在半夜醒来时，请勿看手表/时钟/手机，因为这些设备发出的光会触发你的黑视蛋白。半夜什么时候醒来真的不重要，担心睡眠不足也无济于事。如果你需要一个闹钟在特定时间叫醒你，这样做就可以了：把闹钟设置好并盖上，这样即使是有一些灯光也不会打扰你的睡眠。

2. 不要在就寝时间制造压力，也不要担心第二天醒来会很晚。这就是闹钟的用途。依赖闹钟并不是一个理想的选择，但当你在努力改善你的昼夜节律时，它就会在你的生活中占据一席之地。不要担心你不会按时醒来，而是尝试深呼吸来放松你的身心。

3. 不要因为昨晚的睡眠而产生压力，也不要担心你还会有同样糟糕的经历。你可以控制自己的睡眠。通过遵循我们在这一章中提出的建议，你每晚的睡眠质量很可能会一点一点地改善。

4. 不要因为你现在的睡眠时间而产生压力。如果你感觉良好，并在第二天恢复精力，那么你可能不需要像别人一样多的睡眠。但是，如果在早上你感到没有休息好或者在午后感到困倦，那么请试试本章中的一些技巧。

5. 除了睡觉以外，请勿将卧室用于其他任何用途。它不是书房，不是客厅，也不是家庭影院。

最好的唤醒方式

是否有任何改进的空间来优化唤醒方式？

- 让你神清气爽地醒来的最佳方式是早睡早起，保证充足的睡眠。
- 起床后立即享受明亮的光线。打开窗帘或打开顶灯。尽可能靠近窗户。
- 进行 5 到 15 分钟的快速晨走。检查一下你的植物、喂鸟器，在后院和狗玩耍，刷洗你的汽车。做任何能让你走出屋子享受明媚阳光的事情。
- 尝试每天坚持在同一时间起床。如果你在周末晚起 2 个小时，这很明显地表明你在本周没有得到恢复性的睡眠。

第 5 章　限制性饮食：为减肥设定时间

所有的营养学都是基于两个实验。第一个实验证明了卡路里限制的概念：如果我们吃得少，我们就会减轻体重并获得更好的健康。这个实验是在二十世纪初期完成的，从那以后，人们就开始计算他们的卡路里。[1,2]

第二个实验（实际上，有超过 11000 项研究使用了这个模型）支持“健康饮食”的概念。在这个实验中，一对基因相同的小鼠被喂食了两种不同的食物，一种含有均衡搭配的碳水化合物、单糖、蛋白质和脂肪的食物，另一种是高脂肪、高糖的食物。几周后（相当于人类的数月或数年），进食高脂/高糖饮食的小鼠变得肥胖，大部分患有糖尿病，并且血液中脂肪含量很高，胆固醇水平也很危险。这一发现充分说明：食物的质量（营养成分）对健康至关重要。

继续使用不同的宏量营养素（蛋白质、碳水化合物或脂肪）和微量营养素（抗氧化剂、维生素、矿物质等）作为变量来进行研究。这项研究驱动了我们现在“吃这个，不吃那个”的想法。然而，这些研究没有最终证明哪种食物对每个人都是最好的。事实证明，对你最有利的是各种宏量营养素和微量营养素的平衡组合，其数量足以让你满足，但又不会增加体重。但是，“平衡”的定义备受争议，因为对于运动员、准妈妈、青少年、健美运动员和糖尿病患者来说，最佳平衡可能大不相同。

我们已经知道，没有正常生物钟的小鼠更容易患肥胖症、糖尿病以及许多通常发生在高脂饮食小鼠身上的疾病。更重要的是，糟糕的食谱将破坏小鼠饥饿和饱足的生物钟。[3]与只在晚上进食的正常小鼠（夜行动物）不同的是，这些不健康的小鼠直到就寝时间都在进食，并且会在睡眠中间醒来继续吃点心。我们想知道它们的疾病有多少是由于糟糕的食谱造成的，又有多少是由于不良的饮食习惯造成的。因此，在2012年，我们问了一个非常简单的问题："有多少疾病是由食谱引起的，又有多少是由随意饮食引起的？"

我们对基因型相同的小鼠进行的实验仅着眼于进食时间的限制，结果令人惊讶。我们发现重要的不仅是吃了多少、吃了什么，"何时进食"对于长期的健康尤其有重要作用。我们选取了成对的基因型相同的小鼠，它们的父母相同，并在同一个家庭长大。让其中一组小鼠自由饮食高脂肪食物。另一组小鼠的食物数量相同，但必须在8小时内吃完所有的食物。进食窗口较小的小鼠很快就学会了摄入与随时能获得食物的小鼠相同数量的卡路里。换句话说，全天候摄食的小鼠白天和黑夜都吃少量的食物，而8小时时间表的小鼠也吃了相同数量的卡路里，只是在8小时内大量进食。

更重要的是，在研究的前12周内，当两组小鼠按照相同的高脂肪/高糖饮食进食相同数量的卡路里时，在其他11000篇出版物中已证明这会引起严重的代谢性疾病。但8小时限制性饮食的这组小鼠完全免受糟糕食谱引起的常见疾病的侵扰。限时进食的小鼠体重没有增加，并且其血糖和胆固醇水平正常。我们认为，缩短的进食时间为消化系统提供了合适的时间来完成其功能，不受新的食物流入的干扰。它们也有足够的时间来修复和恢复活力，从而支持肠道中健康细菌的生长。这种受限制的进食时间与小鼠的自然昼夜节律一致，这就是为什么它们体重减轻并保持健康的原因。只要小鼠保持这一新的饮食时间表，这种益处就能持续一周又一周，持续整整一年（相当于人类寿命的几年）。事实上，这对健康的好处远远大于治疗相同疾病的药物。记住，我们没有改变食谱，也没有减少卡路里摄入。限时进食造就了奇迹。

后来，我们对 9、10 和 12 小时的时间窗口进行了相同的实验，发现总体上都有类似的好处。研究表明，当小鼠每天进食 15 小时或更长时间时，它们的身体反应就像持续进食一样。15 小时饮食的小鼠并不健康，而限时 8、9、10 或 12 小时饮食的小鼠则保持健康。我们每周对它们的健康状况进行系统性检查：监测了几种激素，甚至监测了它们的肠道微生物是如何变化的。我们检测了小鼠 22000 个基因在不同器官、不同时间的表达情况。这些实验持续了很多年，并发表在同行评审的科学期刊上。[4,5,6]现在，这些实验已经在世界各地的许多实验室中重复。

研究人员随后进行了另一项研究，他们将最初的卡路里限制研究与我们的生物钟研究结合起来。[7]他们想要测试低卡路里饮食是否不管何时进食都一样有效。首先，他们在睡前给小鼠吃低卡路里的食物，结果发现没有减重效果。但当他们在小鼠第一次醒来的时候给它们相同数量的食物时，小鼠的体重减轻了，它们的饮食模式与其昼夜节律一致。

在人体研究中我们也看到了类似的结果。例如，哈佛大学的科学家和西班牙减肥营养师团队发现，那些长时间摄入卡路里的人（意味着他们吃了相同数量的卡路里，但一直进食到夜晚）并没有减轻多少体重。然而，那些白天吃得多而晚上不吃的人实际上体重减轻了不少。[8]这意味着不管你遵循哪种限制卡路里的食谱，什么时候进食比吃什么类型的食物更为重要。

不要像轮班工作者那样进食

与最好不要像轮班工作者那样睡觉一样，我们的实验表明，不像轮班工作者那样进食，明显更健康。我们的大脑时钟对光最为敏感，但是我们的肠道、肝脏、心脏和肾脏的时钟直接对食物做出反应。因此，就像初见曙光会重置大脑时钟并告诉它现在是早晨一样，一天中的第一口食物或第一口咖啡会告诉我们的肠道、肝脏、心脏和肾脏的时钟开始新的一天。如果我们每天都更改日常时间表，那我们的生物钟就会变得混乱。

2015年，我们进行了一项旨在了解人们何时真正进食的研究。我们让一百五十六名参与者记录每一餐、点心和饮料。他们使用手机和我们的myCircadianClock应用程序。我们发现，50%的参与者每天吃15个小时或更长时间。[9]这意味着他们几乎在醒着的所有时间都在吃东西。与工作日的饮食方式相比，25%的参与者将周末的早餐时间推迟了2小时。即使是这一次早餐的改变也破坏了他们的昼夜节律。这就好像他们是一名真正的轮班工作者，或者生活在两个不同的时区：一个在工作日，一个在周末。但更有趣的是，当我们问所有参与者他们认为自己什么时候进食时，他们几乎一致回答说他们相信自己在12小时内就餐了。他们并没有把早餐喝咖啡加奶油、晚餐后喝最后一杯酒或吃一把坚果计算在内。

然后，我们要求十名饮食时间超过14小时或以上并且已经超重（BMI超过25，这是标准测量）的参与者，每天选择相同的10小时时间段，他们将在这一时间段中吃完包括饮料和零食在内的所有食物。我们没有给他们任何关于吃什么、吃多少、多久吃一次的提示。他们再次记录了他们的饮食并将其提交给应用程序。我们收集了数据。我们的发现令人惊讶：所有参与者在短短四个月内平均减掉了总体重的4%。他们吃了任何想要吃的食物，但体重都减轻了。他们还报告说，他们晚上睡得更好，白天感觉更精力充沛，饥饿感也更少。限制性饮食对人体的益处目前正在被其他研究人员所复制。[10,11,12,13]显然，限制性饮食让这些人回到了与他们的昼夜节律同步的状态。

我们的发现强调了这个项目的主要目标之一的重要性：使你的饮食时间表与你的昼夜节律一致。一开始你可以在一两周内设定一个12小时的进食时间窗口，然后试着将你每周的进食时间减少1小时。这样做的原因是最佳进食时间是在8至11个小时之间。在12小时的时间窗口内进食所带来的健康益处，在 11 小时内完成将翻倍，在 10 小时内完成再翻倍，以此类推，直到达到 8 小时内的进食时间窗口。吃 8 小时或更少的时间对一些人来说可能是可行的，或者对我们中的许多人来说坚持几天时间这么进食是可以做到的，但要坚持几个月或几年是很困难的。虽然 12 小时的科学研究让人印象深刻，但将你的进食时间窗口减少到 8 小时是非常有利的。

时间限制性饮食绝不是计算卡路里，它只是让你在时间上更加自律。我们发现在 8 或 9 小时内进食可以达到最佳的减肥效果，你可以保持这种状态直到获得理想的效果。人体大部分的脂肪燃烧发生在你吃完最后一餐的 6 至 8 个小时后，并在禁食整整 12 个小时后几乎成倍增长，这使得禁食 12 个小时以上的任何时间对减肥都是非常有益的。一旦你达到了你想要的减肥效果，你可以回到 11 或 12 个小时的窗口，并保持体重不变。当然，在开始任何新的饮食计划之前，请与你的医生讨论一下你的计划。

典型的时间限制性饮食（TRE）的一天

首先，设定一个理想的早餐时间。当你吃早餐或喝第一杯咖啡或茶的那一刻，就是你“进食窗口”的开始。一旦你确定了早餐时间，请坚持下去。如果早餐从早上午八点开始，则晚餐必须在下午八点之前结束。我们发现尽早吃早餐是最健康的。原因是胰岛素的反应在白天的前半部分比较好，而在深夜则比较差。此外，如果你早点开始，你也很可能提前结束，或者至少在睡前 2 至 3 个小时结束。这很重要，因为褪黑激素的水平会在你正常睡眠前 2 至 4 小时开始升高。为了避免褪黑激素对血糖的干扰作用，在褪黑激素开始上升之前吃完饭是必要的。

夜间禁食的最后几个小时非常重要。想象一下，你正在打扫房子，并且将所有垃圾都放在了前门旁边的垃圾袋中。突然，一阵风吹来，翻倒了垃圾袋，你所有的努力都白费了。如果你早上吃得比平时早，这同样也会破坏你的生物钟。如果你的身体并不期待大量的食物涌入，那么一整夜用来清洁人体系统的所有努力都将变得徒劳。当你处于 12 小时进食周期时，这一点尤为重要。如果你的进食周期较短，只有 8 到 10 个小时，那么偶尔比平时吃得早一点也不会造成太大影响。

在头两周，你可以想吃什么就吃什么，但在你第一口和最后一口之间，最好坚持有规律的用餐时间。你可能会发现，当你调整到只吃 8 到 10 个小时，早晨起床时，你的新陈代谢和饥饿感会要求一顿更为丰盛的早餐。早上（或晚上）刷牙不会影响你的限制性饮食（牙膏不算在内）。

早餐是打破你禁食一整夜的第一餐。如果早上你感觉到饥饿，请不要感觉惊讶。早餐稍微多吃一点是可以的，特别是当你选择健康食物的时候。早上可以增加纤维和蛋白质的摄入。吃一顿丰盛的早餐能让你的胃饱上几个小时。我的早餐是燕麦片、茅屋干酪、杏仁粉（我自己用咖啡磨碎机压碎杏仁制成）和干蔓越莓的混合物。我经常旅行，这是在旅途中很容易解决的早餐。

理想的早餐是营养均衡的，包含复合碳水化合物或纤维、瘦肉蛋白和健康脂肪。富含纤维的食物通常是低糖饮食的选择，可以帮助你全天控制血糖。在一天中的早些时候摄入蛋白质可以促使胃分泌适量的酸。因此，与其在吃了富含蛋白质的晚餐后刺激胃分泌过多的酸，不如在早上摄入大部分蛋白质，这样可以降低夜间胃灼热和睡眠不佳的概率。这种组合实际上使你的消化系统消化食物的时间更长，而且你会感到饱（饱腹感和饥饿感）数小时，并且很少会吃饼干、甜甜圈和其他零食。

如果你的早餐足够吃饱，那么你可能会在大约 4 至 6 个小时内不会感到饿。因此，如果早餐是早上八点，你可能会在下午一点左右有点饿。我发现午餐的沙拉或汤可以帮助我度过一天。它提供了巨大的能量，而且因为它很清淡，所以我不会觉得午餐后通常人们吃饱饭后会出现的嗜睡现象。而这样的午餐让我一直能够坚持到我与家人共进晚餐。

在早餐之后，晚餐是与你的昼夜节律保持一致的第二重要的一餐，因为这表明你的饮食已结束。一旦你的身体识别出不再有食物，它就会慢慢过渡到让你修复和恢复活力的模式。你不想在一天结束的时候失去与家人在一起的时间，如果你与家人在一起吃了一顿有意义的晚餐，那么你能够感觉到是与家人一起度过，但是如果这一餐吃得太晚，有可能让你的身体感受到你一天休息时间的延迟。我们的研究还表明，遵循典型限制性饮食的人通常没有那种极端饥饿感。随着时间的流逝，他们能够减少晚餐的餐量。

在我的家里，我们倾向于吃传统的蛋白质和蔬菜晚餐，并用健康的脂肪烹制而成。我们在晚餐时不吃很多简单的碳水化合物，因为晚上身体的葡萄糖控制能力较弱，这些碳水化合物将以身体脂肪的形式储存（你将在第 10 章中对此进行更多了解）。晚餐后，我们确保不要躺下或立即入睡。在我最后一次吃东西和上床之间，我要给自己至少 3 到 4 个小时，来更好地消化和改善睡眠。

你可能会发现你的身体系统在两到四周内已经习惯了新的时间安排，你在目标晚餐时间后也不会感到饥饿。更令人惊讶的是，已经在典型限制性饮食习惯待了一段时间的人报告说，如果他们晚餐超过了他们的预定时间，或者在深夜喝了一杯酒或吃点东西后，他们会觉得食物只是放在肚子里，好像晚上胃已关闭，仅在早晨恢复工作。我们喜欢称其为食物残留（food hangover）。

晚餐喝酒

如果你要喝鸡尾酒、啤酒或一杯葡萄酒，请在晚餐前或用餐时饮用。如果你在晚饭后喝了酒精饮料，即便是一小口饮料也会被误认为推迟了晚餐时间。

你的身体全天需要大量水，特别是如果你在有空调的办公大楼等干燥环境中工作时，尤其如此。水合作用具有昼夜节律。白天，我们更容易口渴，因为我们的身体需要水来消化和加工营养，为血液制造新的组成部分并排毒。每隔一两个小时喝一杯水是一个好主意，这样你就可以在下午保持水分和精力充沛。

晚餐后喝水不会影响你的进餐时间。如果你在半夜醒来感到口渴的话可以喝水。我发现如果我不喝水，那么我会保持清醒，但是如果我喝了水，很可能会立即回到睡眠状态。

许多健康书籍都宣传喝水的好处，但实际上，有将近25%的人除了喝咖啡以外没有喝任何水。我不认为咖啡是水源，因为咖啡本身含有咖啡因，可以使我们感到脱水并抑制睡眠。但是不含咖啡因的凉茶可提供水分。有些人喜欢睡前喝杯凉茶，只要它不含咖啡因、甜味剂或牛奶，这是可以接受的选择。茶实际上含有大量的咖啡因（与使我们保持清醒的咖啡成分相同），许多凉茶都含有咖啡因。随着几乎每个星期都有一个新品牌的“草药”茶出现在市场上，我们很难评估它是否含有咖啡因或任何其他化学物质会让你保持清醒。因此，晚餐后，我个人远离除了单纯的水之外的任何饮料。

白天可以吃零食，但晚上不可以

只要你选择健康的食物，白天就可以吃零食。白天偶尔的蛋糕或饼干都可以。到了晚上，小点心可以使你的晚餐体验变好。但是，一旦你开始做出更好的食物选择而避免这些零食，你的味蕾会发生变化。慢慢的，你会发现自己不太会被过甜或咸的食物所吸引。

晚餐结束并清理了厨房之后，关于吃这件事就应该被认为结束了。睡觉前你可能会感到饥饿，尤其是当你只在8到10小时之内进食时。经历这些饥饿感是完全正常的。你甚至可能从深睡眠中醒来，感到饥饿。你可以通过喝一杯水来克服这一问题。当你的身体逐渐适应新的节奏，深夜的饥饿感将消失。

夜间饥饿和胃蠕动

胃痉挛，尤其是深夜出现的痉挛，可能是由于肠道内的电活动异常导致的。白天，肠道中的电活动（就像肌肉抽搐一样）有助于使食物通过肠道。研究表明，此过程有昼夜节律，现在认为胃痉挛和消化不良的人实际上破坏了电活动。电活动甚至只有轻微变化，肠道可能就不会沿正确的方向移动食物，从而导致疼痛或绞痛。

一般来说，肠道的活动在晚上会变慢。因此，当你在深夜进食时，食物缓慢移动或方向错误会导致胃部不适。这种情况很常见。实际上，反酸治疗药物是美国十大最畅销药物之一，仅 2004 年就开出了 6400 万张处方。[14]

在周末保持你的日常饮食习惯

在前面的调查中，已经让你了解你当前的饮食习惯。我们发现，大多数人都不会意识到他们每天进食的时间超过 12 个小时。有些人在一周中做得很好，但周末的时间表打乱了。这种模式已经不能被视为“偶然的”违规行为了。例如，如果你每周三次在 12 小时的进食周期外用餐，那么你就没有遵守限制性饮食。

请记住，每次进餐时，你都会打开整个消化系统的时钟。食物一进入你的系统，就势必会被消化，吸收，分类和代谢，并且废物必定会被送到肾脏和小肠。当你在进食周期外用餐时，即便是吃一些零食，几乎所有消化器官也都必须为了消化和加工食物而从昼夜周期的休息和修复阶段中醒来。一旦消化开始，器官将需要几个小时才能恢复到休息和修复模式。第二天，当你按平时的早餐时间开始吃东西时，即使你前一天晚上休息不充分，你的器官也必须恢复工作以处理早餐。

当你在不同的日子改变进食窗口时，就会发生这种情况。你的新陈代谢时钟会自动受到影响，就像你一周内在两个时区之间旅行一样。

到目前为止，深夜进食是你最糟糕的选择，它将完全抵消你一天中所获得的任何好处。首先，在深夜吃零食会破坏消化系统的时钟——重新激发肠道、肝脏和整个身体的新陈代谢。从这个意义上说，当你的身体正在减速、缓慢并准备入睡时，如果你感觉饥饿，你实际上是在唤醒它。但是这个时候，你的器官没有准备好处理食物。

第二个问题是，由于肠道没有准备消化食物，因此食物在消化系统中的流动速度不会像白天那样快。当食物进入你的胃中时，你的胃会分泌酸来消化食物。但是，如果食物不动，这会引起胃酸反流，尤其是当你试图躺下睡觉时。

史蒂夫·斯威夫特的饮食

史蒂夫·斯威夫特（Steve Swift）于 2012 年首次听说了我的小鼠研究，然后与我联系，以查看我是否在人身上做过同样的工作。我们正开始构思一个人体实验（我们在 2015 年之前没有完成），所以史蒂夫决定开始做一个实验。他说："唯一一个可以为我所用的人体正是我自己。"

从那天起，史蒂夫坚定地坚持这种饮食。一年多以后，史蒂夫又回到了我的实验室。他已经在十五个月内减去了 72 磅（约 32 公斤）。这是他原来体重的近三分之一！根据 BMI 指数，他从严重肥胖变为拥有正常的脂肪量。

史蒂夫的限制性饮食日程安排得非常简单。他每天早上六点四十分准时起床，然后在大约七点吃早餐。8 个小时后，他停止饮食直到第二天。

他告诉我："你几乎可以吃任何东西！午餐时我经常吃三个布丁。但是除此之外，我的确在饮食中设法保持一些平衡。"

史蒂夫向我们报告说他的这种饮食方式没有任何副作用。他的确会在睡前感到饥饿，但他说，"我从来都没有狼吞虎咽过。我没有强烈的想吃的欲望。但是我有的是每天能获得大约一小时的额外空闲时间，因为我不忙于找东西吃"。我告诉史蒂夫，我听到了其他人的类似反馈。许多人告诉我，他们会在晚上留出更多空余时间，更有精力与家人在一起（因为不要烦于吃东西）。

史蒂夫也获得其他好处。他告诉我，他的疼了好几个月的膝盖没有那样疼了，给他减少了一些麻烦。我告诉他，他可以将其归因于体重的减轻以及炎症的整体减轻。他还告诉我，他的记忆正在改善。在限制性饮食之前，史蒂夫注意到他很难记住像电话号码、邮政编码、日期这样的详细信息。他总是要把它们写下来。现在，他不再需要随身携带这些带有数字的笔记本。

史蒂夫告诉我，体重减轻了，他开始有动力重新跑步。现在，他每天可以跑 6½ 英里，而且他更经常骑自行车而不是开车。好的习惯会带来更多的好习惯。

常见疑问

1. 时间限制性饮食适合所有人吗？

当然！这个项目的美妙之处在于它是所有健康的基础。不论地域、文化，还是饮食，我们的祖先都在 10 到 12 小时的进食窗口吃掉所有食物，你也可以做到。而且，当你和你的家人一起遵循这个饮食计划时，你们都会更容易同步化到昼夜节律规律中。

五岁左右的儿童可以遵守 12 小时限制性饮食。你会看到，它可以帮助他们拥有更好的健康和睡眠质量，同时避免儿童肥胖。初中和高中的孩子可以遵守 12 小时限制性饮食。有高脂血症、抑郁症、高血压、焦虑，或任何其他慢性疾病的成人可以尝试遵守 12 小时限制性饮食，但在长时间控制饮食之前要和医生沟通。

记住，TRE（时间限制性饮食）不是节食。节食是人们在短时间内减肥或解决健康问题的一种方法。TRE 是一种**生活方式**——这是你一生中都想做的事情。这几乎就像刷牙和用牙线清洁牙齿一样，简单的例行程序即可照顾你的大部分牙齿卫生。但是，你需要定期去看牙医以获得更好的清洁效果。同样，你可能还想尝试一下更短时间的 TRE。比如，如果你想减轻体重或改善消化，则每隔一周进行 8 小时限制性饮食。

把 8 小时限制性饮食当作是假日的午餐

8 小时的限制性饮食让我想起感恩节。我在午后吃一顿美餐后，在余下的时间里我都会感到很饱。你是否曾在感恩节大餐后再去尝试吃东西？当你这样做时，实际就是从舒适的饱腹感变为暴饮暴食。

2. 我可以选择任意 12 个小时吗？

遵循任何时间表总比没有时间表要好。但是，正如我们已经讨论过的那样，在一天中的早些时候启动进食窗口具有更大的好处。虽然还不确定，但是光可能对我们的新陈代谢有一定影响。例如，一项研究发现，推迟晚餐的人群并没有像早吃晚餐的人群一样有好的减重效果。[15]

我们确实知道，在晚上，随着褪黑激素水平升高，我们的大脑开始入睡。褪黑激素似乎也使我们的新陈代谢减慢，而且它也作用于分泌胰岛素的胰腺。这可能是确保胰腺进入睡眠状态的机制，因为在数百万年间，我们晚上并不进食，所以保持胰腺运行并整个晚上开足马力是不必要的。

当你在傍晚褪黑素水平开始升高时进食，食物会触发胰岛素开始反应。胰岛素可以帮助你的肝脏和肌肉从血液中吸收葡萄糖，防止血糖上升过高。但是到了晚上，由于胰岛素的生产速度减慢，它们无法吸收食物中的所有葡萄糖。这将使你的血糖水平长时间处于高水平。同时，你的身体可能会将多余的糖作为脂肪储存在血液中，而不是将其用作燃料。

3. 我可以将时间限制性饮食（TRE）与其他饮食方式结合吗？

可以！你可以通过以下任何饮食方式来取得好的效果——原始人饮食法、阿特金斯减肥法、生酮饮食等。你可以将它们与更短的进食周期结合。实际上，时间限制性饮食可能会增加其中一些饮食方式的益处。例如，我们已经看到将严格的6至8小时限制性饮食与高蛋白生酮饮食结合的良好结果。最后，可以通过添加时间限制和最佳时机来增强热量限制的效果。

4. 我可以结合时间限制性饮食（TRE）和定期禁食（5∶2饮食）或仿斋戒节食吗？

每月禁食一天可帮助你排毒，我鼓励你这样做。你可以轻松地将限制性饮食与5∶2禁食法相结合，这包括每周五天的常规饮食和两天的限制饮食。在用餐的日子里，将餐点集中在12小时以内。你可能会发现一旦完成了减重，从禁食过渡到时间限制性饮食是很好的路径。

5. 时间限制性饮食（TRE）有什么缺点吗？有哪些潜在危险？

可能有些人不能忍受12个小时的禁食。我不是说他们的肚子会发牢骚。肚子的抱怨表明胃是空的并准备好工作。这也意味着身体正在从使用随时可用的能量转换为利用其存储的能量。但是，如果12个小时没有进食后感到头晕或晕眩，请停止该程序并咨询你的医生。

有时，人们过于强烈地接受挑战，比如从16小时转换到8小时的进食周期。或者他们尝试同时计算卡路里并限制进食时段。这种组合对身体是个巨大的挑战，特别是如果你不习惯非常低热量的摄入。相反，我建议你尝试用 12 小时的进食周期而不改变太多用餐量。在两到三周后，可以尝试减少进食间隔或改善饮食。

6. 潜在的干扰因素是什么？

我们发现该计划有一个真正的六周障碍。我们也称为危险时期。在开始的六周后，你可能会开始看到你体重的一些改变，但也有可能不能。如果没有到达期望的目标，你可能会感到失望或灰心。然而，这正是隐形的益处开始的时间。这些益处无法从数据上衡量，但你会发现拥有更好的睡眠、全身性炎症的减少，或运动协调性的提高和总体能量水平的改善。

如果你独自遵循此程序，并且对这些成功没有真正地了解，那么你很有可能会停止它。但是，我们知道我们经常会适应朋友或共同生活的人的生活节奏。因此，成功关键是当你看到一些好处时，你可以开始谈论限制性饮食并尝试影响你的朋友或者家人。谈论你的限制性饮食，好处是将使他们意识到你的饮食习惯。如果他们注意到这些结果，他们将更有可能自己尝试一下。

大多数人可以轻松适应 12 小时的限制性饮食。你仍然可以与家人或朋友共享早餐，也可以与他人共享晚餐。如果你想进行 10 小时或更短的限制性饮食，与他人一起吃饭可能会变得有些棘手。但是，你可以在几个星期里做短进食周期的限制性饮食，然后再回到 11 到 12 小时的限制性饮食，你并不用长时间对自己的生活方式进行太大改变。较短进食周期的限制性饮食对减轻体重、减少脂肪量以及改善情绪和耐力更有利。有些人可以维持 10 小时的更小进食周期的限制性饮食几个月甚至很多年。

7. 药物会有怎样的影响呢？

药物虽然并不被视为食物，应按照医生的指示服用。但是，你可以注意何时服用药物。有些药物在白天或者晚上服用更为有效。与你的医生交谈，了解什么时候服用药物，可能会给你带来更大的治疗作用。

8. 咖啡会有怎样的影响呢？

喝咖啡是让你与昼夜节律相适应的最困难的习惯之一，因为它直接影响睡眠。如果你有一个很强的喝咖啡习惯，则可能是一种信号，表示你的睡眠出了问题。举例来说，如果你沉迷于清晨的一两杯咖啡来保证你完全清醒，这表明你没有足够的睡眠，或在夜间没有舒适的睡眠。

在最近对需要轮班的消防员和医务工作者的限制性饮食规律的研究中，我们发现，如果这些人整晚保持清醒或只有不完整的睡眠，他们的早晨咖啡经常被用来作为“安全药”来帮助他们清醒地驾驶回家。但是，以这种方式使用一杯咖啡最终适得其反，因为这会阻止他们在白天完全恢复睡眠。我们建议他们尝试拼车或搭乘公共交通工具，这让他们白天能获得更好的睡眠，并在第二天恢复良好身体状态以提高工作效率。

即使你自己每天早上不吃早餐只喝咖啡，这也打断了你整晚的禁食，因此请记住进食窗口。在你想要喝咖啡时请三思，尤其当里面加了奶油和糖的时候。

一旦对咖啡上瘾，你可能在下午需要额外的咖啡因。这第二轮饮用很可能会干扰睡眠。咖啡可以在身体系统中停留长达 10 个小时。这是为什么避免在下午饮用咖啡是常识。如果你在午后感受到精神萎靡，你可能是脱水了——喝一杯水然后看一看效果吧。

9. 我可以永远遵循时间限制性饮食吗？

当然！你可能不想永远遵循一个 8 小时的限制性饮食，但你可以轻松地将 10 到 12 小时的限制性饮食作为一种生活方式。你的昼夜节律将保持稳健，而患慢性疾病的机会将保持在较低水平！

10. 我可以多久放弃一次时间限制性饮食？

我们真的不认为时间限制性饮食是你可以偶尔放弃的。但是，当你偏离规划，请马上回到正轨。偶尔有一次“休息日”并不妨碍你获得时间限制性饮食的好处。休息日虽然会打乱你的昼夜节律，但一周内有五或六天进行限制性饮食比整周随机饮食要好得多。

假设从星期一到星期五，你做得很棒，但是在星期六的晚上，你与朋友一起出去玩，打断了你的整个计划。不用恐慌！如果你在星期六晚上最后一口食物（或饮料）是在晚上十一点，第二天仍然能重回正轨。事实上，你很有可能在平时吃早饭的时间并不想吃饭。听你的身体的信号，如果你不感到饥饿，请不要吃饭。当你最终感到饥饿时，那就进食。如果第一顿饭接近中午，则考虑一个均衡膳食的午餐，然后尝试用晚餐重回正轨。如果你的目标是在晚上七点之前晚餐，做到这一点就可以回到你原来的计划。

下次，考虑去 happy hour（指通常在傍晚五至七点之间酒吧会给商品打折），食物便宜，你也不会打乱你的 TRE！

绘制进食进度

你可以使用以下图表跟踪你的 TRE。在一个月的时间里，写下每天吃第一口和吃最后一口的时间，然后在第二天早晨记录当晚的睡眠时间。首先，注意如果睡眠得到改善，这种改善和你的 TRE 是怎样的联系？使用最严格的限制性饮食是否可以获得最佳的夜晚睡眠？或者只是让你巩固在 12 个小时之内进食的习惯？

然后，跟踪其余健康状况如何变化。你可能需要一周左右的时间，才能发现自己的健康、情绪或精力是否得到改善。你可能还会看到自己达到了停滞期，然后在本月晚些时候克服它。这是我们在研究中发现的非常典型的模式。

复制此图表以反复使用，或简单地将数据传输到普通日历中。研究表明，准确记录自己的健康状况是让你坚持的最好办法之一（你会在第 10 章中了解更多）。或者，你可以通过在 mycircadianclock.org 上注册来使用myCircadianClock 应用程序。

月份	吃第一口的时间	吃完最后一口的时间	睡眠时间	在健康、情绪或者能量上的显著的改变
第 1 天				
2				
3				
4				
5				
6				
7				
8				
9				
10				
11				
12				
13				
14				
15				
16				
17				
18				
19				
20				
21				
22				
23				
24				
25				
26				
27				
28				
29				
30				
31				

克里斯汀无法入睡

克里斯汀（Christine）一直饱受入睡的困扰。自从小时候起，她就不记得有哪一个晚上睡足了 7 个小时。她尝试了我们睡眠方案中的所有内容，包括管理光线、保持昏暗的房间和白天进行锻炼，但没有任何效果。她尝试了不同的药物，包括服用安眠药入睡，但它们使她整天感到昏昏欲睡。服用安眠药六年后，她想试一试限制性饮食。

我们给了克里斯汀活动表来测量她的活动和睡眠，告诉她停止吃安眠药，并让她开始一个 8 小时限制性饮食。在她报告的第一周，她晚上饿了并无法入睡。大多数人会在这一点上放弃，但克里斯汀十分渴望成功。最终，到第八天，她发现自己实际上睡得更好。到第二周结束时，她多年来第一次可以不用药就可以睡 5 到 6 个小时。她承认晚上六点后远离食品很难，特别是当她要去和朋友、家人见面。她曾有一次违反进食周期去和朋友吃点心。但她相信，除了药物之外她还有另一个方式来获得一个美好的睡眠。

吃什么

限制性饮食需要一些计划，这一事实是无法回避的。你不会全天候进餐，因此你可能需要仔细计划饮食，以免感到极度的饥饿。与此同时，我无法预测在 12 小时进食区间内你应该开始的时间。有些人喜欢以早餐来开始新的一天。其他人则等到中午，才能更轻松地处理较短的限制性饮食。只有你才能做出决定。在下一章中，你将学习到你的大脑真的不需要早餐来提供“额外的能量”。这完全取决于你。

为了获得最佳的减重和整体健康效果，请遵循均衡饮食：大量的新鲜水果和蔬菜、瘦肉蛋白和健康的脂肪。请记住，你不是在计算卡路里。同时，不要吃太多坚果或油炸的东西。这里列出了七种你确实应该远离的食物。你可以认为这是成功的限制性饮食人群的七条规则。

1. 不喝汽水、低糖汽水或者其他形式的汽水。喝全糖汽水是最简单和最有效的将糖分导入你的身体的方式，破坏你的血糖系统。喝汽水是人们过度摄取热量的最明显方式之一。减肥汽水不是更健康的选择。它们会改变肠道的微生物群（你将在第 9 章中详细了解）[16]，但你需要获得所有好的细菌。

2. 不喝预先包装的果汁或蔬菜汁。甚至那些声称自己是“100%果汁”的果汁也不是好的选择，因为其中大多数都含有防腐剂，这些防腐剂会腐蚀你的肠壁，导致肠道渗漏综合症（你将在第 9 章中详细了解）。如果你必须喝果汁或蔬菜汁，请自己动手制作并在一天之内饮用。

3. 不吃麦片早餐——除非每份糖含量少于 5 克。你不需要用糖来开始或结束一天的生活。

4. 不吃“能量”、蛋白质或任何种类的水果坚果营养棒。即使用铁人三项运动员或体育明星营销，它们也不过是糖果棒。它们含有许多蛋白质和纤维，但也有大量的防腐剂和糖。你最好还是吃一些坚果，而不是将它们压入一根棒。

5. 不吃处理过的含有玉米糖浆、果糖的食物，或蔗糖（50%的蔗糖是果糖）。仔细阅读标签，因为这些成分遍布从意大利面酱到糖果棒。你要避免使用它们，因为即使它们被用作甜味剂，人体仍无法将它们识别为糖，并且它们会欺骗你的血糖控制系统，使其产生反应，就好像你的血液中没有糖分一样，导致血糖升高。对于每一个人来说这都是一个大问题，特别是如果你已经被诊断为前期糖尿病或糖尿病。

6. 晚上不吃黑巧克力/热巧克力。一块五盎司的黑巧克力咖啡因的含量相当于一杯咖啡。如果你喜欢巧克力，可以吃牛奶巧克力，其中咖啡因的含量是黑巧克力的一半，并在午餐后立即食用。

7. 不吃商业加工的坚果黄油。我和任何人一样都爱花生酱。寻找只含有坚果成分的种类。避开添加糖或油的任何东西。

素食者需要谨慎选择蛋白质

素食者经常吃小扁豆作为蛋白质来源。然而，小扁豆有25%左右的蛋白质和几乎65%的复合碳水化合物。所以，虽然它们是一个健康的选择，会让你有饱腹感，但它们不是高蛋白的选择。更好的素食蛋白选择是豆腐或奶酪。

蛋白质的重要性

蛋白质含量高的食物含有重要的氨基酸，这些氨基酸是产生各种酶和肌肉生长的必要组成部分。所有动植物都需要氨基酸，这就是为什么它们存在于所有食物来源中的原因。植物可以通过阳光和水产生氨基酸，而动物（包括人类）必须从我们食用的食物中获取氨基酸。

你可以享受各种不同类型的优质的蛋白质。蛋白质含量最高的食物包括动物的肉、家禽、鱼类、海鲜、豆类和豌豆、鸡蛋、大豆、坚果和种子（你会在下面找到完整列表）。绿叶蔬菜以及乳制品也都含有蛋白质。动物蛋白质是最丰富的蛋白质来源。

有可能摄入过量蛋白质吗？是。经验法则是，你每天的摄入量应为每磅体重每天0.36克蛋白质。因此，对于一个体重约为150磅（约68公斤）的人来说，每天大约需要2盎司（约56克）的蛋白质。在此建议大家仔细看我的这个建议：我们大多数人摄入过量的蛋白质。然而，过多的蛋白质（超过1克每磅体重并持续数周或数月），不利于你的健康。摄入过多的蛋白质会加重你的新陈代谢，这对肾脏来说是很大的负担，你真的会很想拥有两个正常工作的肾脏。

用蛋白饮料来保持肌肉质量听起来像一个好主意，特别是如果你想锻炼更多。但是，它们也可以包含很多你真的不想吃的成分。例如，一种奶昔混合饮料可能含有 15 克蛋白质和 10 克糖来使其可口。如果你需要蛋白质饮料，请选择不含糖的饮料。

选择复杂的碳水化合物

最健康的碳水化合物被发现是升糖指数（GI）低的非淀粉类、绿叶蔬菜和水果和谷物。升糖指数是一个评估系统，用于评估不同食物如何影响血糖水平。高升糖指数碳水化合物瞬间提高你的血糖，从而触发胰岛素来刺激你的身体储存脂肪，然后你几个小时内再次感到饿了。相比之下，缓慢燃烧的低升糖指数食物，如燕麦片和绿色蔬菜，会降低食欲。这些低升糖指数碳水化合物可以使血糖水平稳定，控制胰岛素。低升糖指数水果包括浆果和柑橘类水果。

限制或拒绝简单和加工的碳水化合物，如白面包、面条、白米饭、点心、饼干和蛋糕。相反，选择纤维含量高的全麦小麦。纤维含量高的食物主要也是碳水化合物，但它们是不错的选择，因为你的身体无法消化纤维，并且在离开身体时纤维会清洁肠道。纤维有助于身体排毒，并为健康的肠道提供营养。豆类、浆果、绿叶蔬菜、藜麦和全谷物都是纤维的良好来源。

水稻的最佳选择

在我的家人中，我们已经从传统的印度香米（已被高度加工并具有较高的升糖指数）转变为蒸谷米（parboiled rice）。这被认为是复杂的碳水化合物，因为它很难消化。它具有与糙米相同的健康成分，而糙米是白米的另一个很好的替代品。

健康脂肪的良好来源

膳食脂肪为你的身体的每个细胞提供了基础。你需要饮食中的脂肪来帮助大脑发育和保持你的皮肤和头发的健康。脂肪还可以帮助你吸收重要的微量营养素，包括维生素 A、D、E 和 K。最后，在餐食中添加脂肪可以使我们感到满足，并让我们更长久地保持饱腹感。

最健康的脂肪存在于天然食品，而不是那些加工油中的脂肪。饱和脂肪（如黄油）在室温下保持固态。尽管你可能被告知，饱和脂肪并非不健康或不会让你发胖。单不饱和脂肪酸是最好的脂肪，在室温下为液体或软质。它们在橄榄油、鳄梨、坚果、种子类食物和蛋黄中存在。单不饱和脂肪是地中海饮食的特色，它被认为是使人健康和苗条的。单不饱和脂肪也很容易为我们的身体提供能量。

在许多植物和动物性食物中存在的多不饱和脂肪酸也是脂肪的良好来源。多不饱和脂肪有两种：omega-3 脂肪和 omega-6 脂肪。omega-3 脂肪在保持健康方面起着关键作用，还可以帮助控制和减少体内脂肪。这是因为 omega-3 脂肪具有增加血液流动的能力，因此脂肪更容易输送到刺激新陈代谢的部位。

几种植物性食物中天然存在 Omega-3 脂肪，例如亚麻籽；它们还存在于例如鲑鱼的一些鱼类中，虾和鸡蛋中。

omega-6 脂肪酸被发现在如玉米、大豆和红花油这些植物油中含量最高，omega-6 多不饱和脂肪酸也富含在鸡肉、牛肉、猪肉中。因为通常吃的许多食物中都含有 omega-6，所以我们通常能够摄取足够的脂肪以满足饮食需求。这两种类型的多不饱和脂肪都被称为“必需脂肪”，因为人的身体无法自行产生，同时身体也无法离开这些脂肪酸。

维持昼夜节律的食物清单

低血糖水果和蔬菜

苹果	朝鲜蓟
杏子	芝麻菜
芦笋	大蒜
牛油果	葡萄柚
香蕉	菊芋
甜菜叶	豆薯
柿子椒	羽衣甘蓝
黑莓	奇异果
蓝莓	韭菜
白菜	甜瓜
西兰花	蘑菇
抱子甘蓝	芥末菜
卷心菜	橄榄
胡萝卜	洋葱
菜花	欧洲萝卜
芹菜	桃子
椰子	梨
散叶甘蓝	辣椒
黄瓜	李子
茄子	南瓜
茴香	萝卜（Pumpkin）
蕨菜	山莓
无花果	生菜
大头菜	瑞士甜菜
海菜	番茄
菠菜	芜菁叶
南瓜（Squash）	西洋菜
草莓	

动物性蛋白质来源

牛肉	羊肉
野牛肉	猪肉
鸡肉	火鸡肉
鸭肉	小牛肉
蛋	

植物蛋白	
黑豆	海军豆
豇豆	花生
鹰嘴豆	斑豆
芸豆	豌豆
豆荚	甜豆
扁豆	白豆

鱼和贝类	
鲶鱼	章鱼
蛤蜊	生蚝
鳕鱼	狭鳕鱼
螃蟹	三文鱼（鲑鱼）
小龙虾	扇贝
比目鱼	鲈鱼
黑线鳕	虾
大比目鱼	鲷鱼
鲱鱼	鱿鱼
龙虾	旗鱼
鲭鱼	鳟鱼
青口贝	金枪鱼

坚果类	
杏仁	榛子
巴西坚果	澳洲坚果
栗子	胡桃
松子	核桃
开心果	各种坚果酱

种子	
奇亚籽（Chia Seeds）	南瓜籽
亚麻籽	芝麻籽
大麻籽	葵花籽

健康油脂	
鳄梨油	夏威夷果油
黄油	橄榄油
椰子油	

第 6 章　优化学习和工作效率

我们从早到晚所做的事情都需要通过学习来完成，一生中都是如此。孩子们在学校学习，成年人学习新的生活或工作技能。在家里，我们一直在学习如何成为更好的父母、伴侣、朋友、教练甚至厨师。

我们通过学习掌握的每一项技能都涉及大脑和身体。实际上，我认为有七个学习标准。每一个都受我们的昼夜节律密码影响，也受最佳的光线、最佳的睡眠量、最佳的进食时间表，或这些因素的组合影响。

注意力

注意力是保持专注和完成任务而不会分心的能力。注意力还需要适应能力，即退出一项活动以有效应对另一项活动的能力。在学校的孩子们必须注意所教的内容，以便他们可以将其印刻在工作记忆中，然后合并信息并将其转移到长期记忆存储中。这同样适用于成年人：记忆的创造建立在注意的基础上。例如，如果你是一个银行家或股票经纪人，你要注意股票价格如何波动，整合信息到你的工作记忆——决策，行动，并记忆，这样就可以在未来有更好的表现。这同样可以在医生、飞行员、空中交通管制员、卡车司机、画家、家庭主妇身上运用。注意力也需要精确的分量：太多，你将无法走出这个工作；太少了，你将无法开始，那你当然也无法完成。

注意力具有昼夜节律成分。我们有一种内在动力，白天会专心一点，晚上则很容易分心。但是，睡眠不足会导致你注意力的缺失。一个睡眠被剥夺的大脑无法在白天专注于工作，因为最大的分心就是困倦和打瞌睡。[1]

工作记忆

工作记忆是人脑最重要的功能：它使我们与所有其他动物区别开。它涉及吸收信息、保留信息并将其连接到你已学习的信息的能力。例如，当你开车行驶在街上，你适度地踩着油门踏板，并在同一时间，你观察在你前面的汽车和地表，留意着它们传递出来的信息，弄清楚要去目的地的路线。当工作记忆发挥高水平作用时，你无论在家还是在学校都表现良好。但是记忆功能低下的时候，你会感到注意力分散，健忘，有时会感到焦虑。

睡眠不足会影响你的反应时间，从而损害你的工作记忆。当看到新内容时，你会观察到该信息并在执行操作前使用记忆。例如，如果你在高速公路上行驶而前方的汽车停下来，睡眠不足会影响你的反应时间，并可能导致事故。我们知道大多数车祸发生在早晨。我们也知道，许多大规模的事故，如埃克森·瓦尔迪兹石油泄漏、切尔诺贝利核电站爆炸，都与睡眠剥夺相关。

正面回报/负面回报

正面和负面回报是我们利用注意力和工作记忆来做出决定的方式。例如，你已经了解并记住新鲜水果和蔬菜是健康的零食（正面回报）。你还知道薯片是一个不好的选择（负面回报）。但是你去杂货店，那里有大量的薯片销售。而且你喜欢薯片。如果你睡得很好又饿了，你就更有可能做正面回报的选择，给自己买一个苹果或一根香蕉。但如果你的睡眠被剥夺，同时又很饥饿，你很有可能去买薯片，即使你知道薯片不是一个健康的选择。[2]

正面和负面的回报也会影响我们的沟通方式。当我们与任何人交流时，我们对使他们感到高兴和使他们沮丧的事物很清楚。没有良好的睡眠，我们可能会说些我们会后悔的事情，这样一来，睡眠的缺失会影响我们的人际关系。

海马体记忆

海马体是大脑最原始的地区边缘系统的一部分。它起着将短期记忆信息巩固为长期记忆的重要作用。海马体记忆包括回忆你上周学习到的信息并将其应用于手头的任务。睡眠的主要功能之一是海马区的记忆巩固。[3]例如，如果你正在学习一门新的语言，开始一个新的数学章节，或玩一个新的游戏，如果你已经有充足的睡眠而不是几个不眠之夜，你会更容易掌握技能。

长期记忆也会被睡眠的缺失影响。起初，你可能会觉得自己更加健忘，但是随着时间的流逝，你将很难再存储新的记忆，这会影响学习和工作。

机敏

你的大脑在早晨最为机敏。随着时间的推移，生物钟指示你的大脑变得不那么警惕：这也就是为什么有些人抱怨在工作中随着时间的流逝逐渐失去注意力。大约在晚上九点到十点，机敏的驱动力实际上逆转了：只有最小的驱动力来保持机敏，然后我们就去睡觉。当你的大脑从主动控制切换到默认模式时，它不再需要听你的指令，而是自动进行修复，加强其神经元连接，将记忆从工作记忆转移到海马体巩固。

心情

情绪是我们的心态——无论我们感到快乐，精力充沛，低落，焦虑，烦躁，生气……我们的情绪可以是暂时的，并且可基于我们在日常生活中的经历改变。喜讯能激发我们的情绪，而不幸的事件会使我们感到沮丧，这是很正常的。

睡眠不足会干扰对于事情的正常反应，使我们更容易受到极端情绪波动的影响；我们往往更容易焦虑和愤怒。而且，对于大多数人来说，睡眠不足会使他们的情绪趋向消极状态。

最影响情绪的自然因素之一是光。你是否曾经注意到，如果你在黑暗的房间里度过一天，即使你睡得很香且前一天吃得很好，你的情绪也可能会低落并且头昏脑涨。你可能感觉不太像自己，直到早晨明亮的自然光振奋你的心情。在约翰斯·霍普金斯大学进行的动物研究显示，光线不足会触发小鼠的抑郁症并且损害小鼠的学习能力。而这种影响与蓝光传感器黑视蛋白激活不足有关。[4]同样，神经学家和建筑师之间的一项独特合作研究发现，与没有窗户的办公室工作的人相比，有日光照射的办公室工作人员的情绪、表现和睡眠质量更好。[5]

自主功能

大脑由中枢神经系统组成，在那里进行着所有主动学习；一个外周神经系统，它把大脑和包括肌肉在内的器官连接起来，以便控制运动；自主神经系统，可以控制所有自动发生的事情，例如呼吸、心律、消化和压力荷尔蒙的产生。为了使学习和工作达到最佳状态，我们需要这三个领域都处于最佳状态，包括自主神经系统。如果你的心律不正常，你可能会感到心悸；如果你消化暂停，你可能会觉得胃疼；如果压力荷尔蒙过高，你可能会感到压力重重。这些状况能使人分心，而最坏的情况是产生焦虑。

每个自主神经系统功能都有昼夜节律。在夜间，自主神经活动减弱，因此心律、呼吸、胃部运动甚至压力激素的产生都会减慢，因此我们可以入睡。白天，自主活动达到顶峰，我们的工作和学习能力也达到顶峰。然而，长期睡眠不足或睡眠中断会增加压力荷尔蒙水平，或使我们的压力系统变得敏感，从而使我们对轻微的压力反应过度。[6]

许多相同的激素，以及通常在肠道中发现的细菌，都会影响大脑功能和情绪，如果主生物钟被打破，就会引发恐慌或焦虑。[7,8]正如我们将在第 9 章中了解到的，限制性饮食能加强肠道的日常节律，并能恢复肠道激素和细菌的正常平衡，改善大脑功能。限制性饮食还能改善大脑自主功能的日常节奏，从而产生适量的应激激素，改善情绪。

最佳工作日

当这七个因素达到顶峰时，你完成工作和学习的能力就很高。良好的学习和表现通常表明你与昼夜节律保持一致，但总有改进的余地。下一个要研究的地方是你与昼夜节律密码的协调程度。

你的脑功能在上午十点到下午三点之间是最佳的; 这时你应该注意到你最好的工作或学习已经完成。研究表明，这是一个窗口，在此期间，我们有正确的心态来作出正确的决定，解决多方面的问题，并驾驭复杂的社交情形。

高峰表现的上升阶段从上午十点开始，中午左右结束。正是在这几个小时里，你的大脑才真正处于巅峰状态：你的注意力、工作记忆、评估和情绪都处于最高水平。从中午开始，你的大脑开始变慢，这是一个很好的理由，不要因为吃了一顿漫长的午餐而失去一小时的最高生产力。事实上，长时间的午餐跟你的生理节奏相反。如果一直工作到午餐时间，或是只有一个短暂的午休，我发现工作效率会提高，原来花 8 小时完成同样数量的任务可以在 7 小时内完成。

一天快结束的时候，大脑会感到疲倦，我们不能像一天中早些时候那样完成复杂的工作。两个因素进一步恶化了这一点。正如我们前面讨论的，前一天晚上睡眠不足会增加第二天的睡眠压力，所以如果你前一天晚上睡眠不足，到下午你的大脑就会感觉到额外的睡眠压力。另外，如果你吃了一顿丰盛的午餐，你很可能在接下来的两个小时内感到困倦。[9]如果你的午餐时间通常在中午到下午一点之间，你会注意到你的注意力和情绪在下午三点左右开始减弱，但是如果你优化了早晨和中午的安排，你将可能已经完成了工作。

如果你睡眠不足且午餐吃太多，你可能尝试用点心来对抗下午的低靡。但是，正如我们先前在正面和负面回报方面所讨论的那样，昏昏欲睡的大脑可能会做出糟糕的食物决定。问题是，不健康的含糖零食只会在短期内提高你的能量并缓解你的饥饿感。你可能会发现，在一天中的晚些时候，你需要另一次进食来延缓在晚餐时间前的另一次饥饿。因此，虽然从短期来看，这似乎是一个有效的策略，但并不是一个好的策略。

在下午可以选择喝一杯水或一些不含咖啡因的热茶，一块水果或少量坚果，而不是去吃些含糖的小点心。不过，喝杯水是你最好的选择，因为水合作用有一个昼夜节律，我们的身体要求我们在白天喝水，尽管很多人忽视了这种要求。如果你在下午感到疲倦，身体可能会告诉你你脱水了。[10]如果你喝了一杯水，会惊讶地发现，在不增加更多的、非常无意义的卡路里的情况下，你会变得精力充沛。如果能养成这种习惯，你就再也不会去拿下午三点的甜甜圈了。

在没有窗户的办公室里工作或完成单调的工作也会导致疲劳。到户外走一小段时间休息一下，它可能会让你振作起来，这样你就可以度过一天的剩余时间；甚至每小时的站立和伸展运动都可以帮助你保持专注。

有时候，人们想在晚饭后回去工作，或者一整天都在工作，并尽可能晚地工作。你认识这些人，或者你就是其中的一员：他们认为在办公室待得更长等同于成为一名更好的员工。然而，有两件事正发生在你的生理节奏上，导致你在晚上的工作效率下降。第一，你的自然睡眠驱动力在增加，而你的机敏性驱动力在下降。第二，你可能在比白天更暗的房间里工作，而昏暗的光线对你的大脑有不同的影响：它确实让你头昏脑涨，所以你的大脑无法清晰地思考。不管怎么努力，你都不能强迫你的大脑在晚上学习和工作。你可能会熬过几个晚上，但这是不可持久的。

现在，你可能会想，“这很值得知道，潘达博士，但是我的孩子每晚有 5 个小时的家庭作业，或者我是轮班工人，或者我一直在努力达到紧迫的工作期限”。我们如何破解昼夜节律密码以提高生产力？

让我们探索睡眠、光线和时间这三个关键组成部分，看看在现实生活中可以采取哪些措施来优化生物节律密码并提高工作效率。我的三个最大要点是：

• 熬夜会使你的工作效率更高，你必须放弃这样的观念。事实上，情况正好相反。如果你拨出 8 小时的睡眠时间（包括睡眠和准备睡眠的总时间）来准备一天的生产，那么你的大脑将为第二天做好准备。

• 白天，通过自然光线照射来优化你的生产力，以使你更加机敏和高效。

• 晚上，调整光线照射，为大脑准备好进入睡眠。

掌握光，掌握生产力

在人类历史里，我们的祖先大部分时间都在户外度过，并充分暴露于自然光下。即使他们在树或云的阴影下，他们仍然会接收大量的亮光，大约数千勒克斯（lux）。lux 是一个测量单位，表示每单位面积由眼睛接收的光。白天的室外光线通常在 1000 勒克斯（阴天）到 200000 勒克斯（沙漠中充满阳光）之间。没有窗户的办公室通常在 80 到 100 勒克斯之间；使用头顶灯的房屋可能低至 50 勒克斯。下图将使你对不同类型建筑物中的光量与我们的昼夜节律和情绪有何关系有一个合理的估计。

在现代社会，普通人在室内度过的时间超过了 87%；我们平均只有两个半小时户外活动，其中一半往往是在日落之后。室内光环境可能会破坏我们的昼夜节律并损害我们的情绪。然而，我们知道，当涉及提高学习、记忆和工作，我们需要注意光线。我们的昼夜节律旨在适应光与暗的自然循环。大脑需要光线才能启动其所有功能。

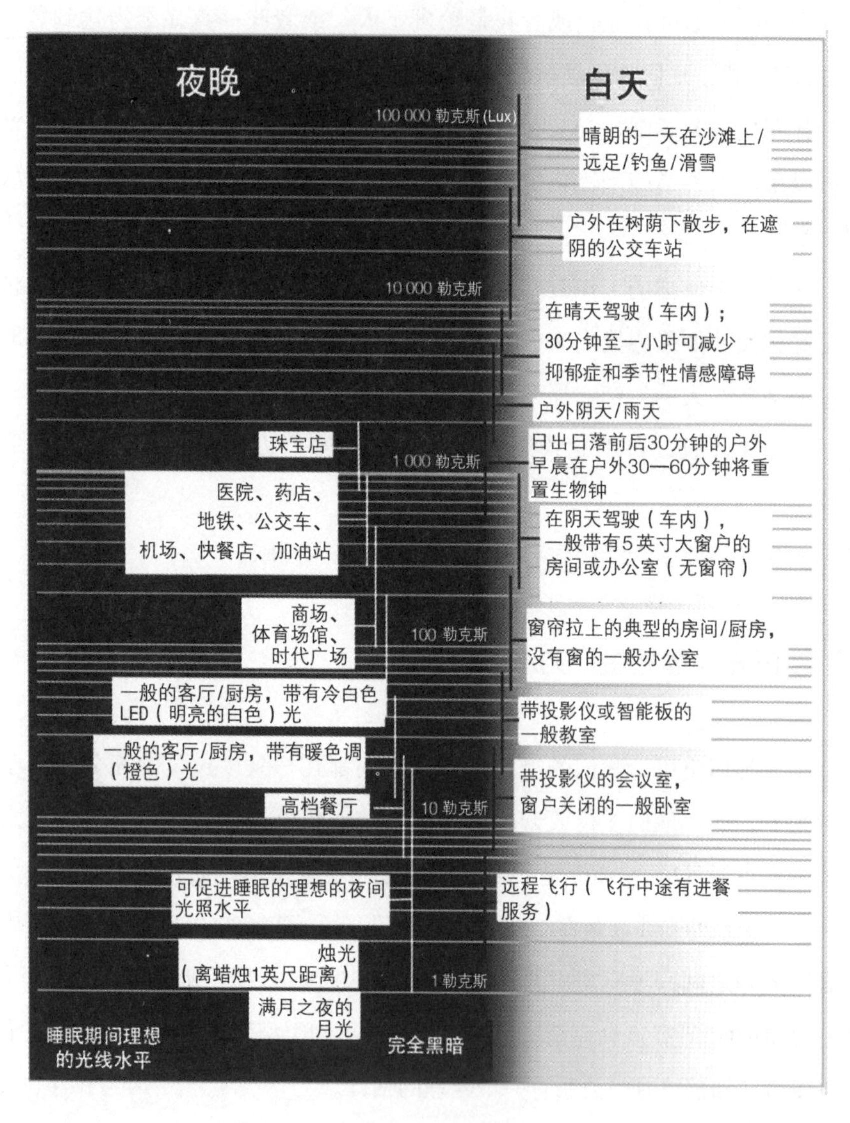

我们在不同环境中暴露于不同强度的光。

当你醒来时，明亮的光线会通过眼睛的蓝光传感器黑视蛋白检测出来。当这种情况发生时，黑视蛋白会告诉大脑停止产生睡眠激素褪黑素，并开始增加应激激素皮质醇的分泌，这将帮助你变得机敏，准备开始新的一天。早晨明亮的光线也会使你的大脑时钟与白天同步，这样你学习和记忆的昼夜节律就会开始上升，几小时后你就会达到最佳的工作效率。

正如我提到的，增加光线照射会改善心情。我们也知道，改善情绪会提升表现。因此，增加光线可能会导致表现提升吗？研究指出这是事实。已经发现白天在办公室或家里使用的强光可以改善情绪、机敏性和生产力，并减少不适感。[11,12]

无论你住在哪里，如果你限制自己暴露在自然光下，你很可能会情绪低落，难以做出正确的决定。原因是每天大量暴露在人工光下会破坏生物节律密码：你的办公室或家里的环境很少能提供足够的光照量，即使是在多云天的日光。但是，你的工作或学习环境可以通过模拟日光进行优化。如果你一大早就接触到自然光，那就更好了。你需要至少1小时的日光照射，在室外，开车，坐在窗户边，你可以吸收至少1000勒克斯的光来减少困倦，同步你的时钟，活跃你的情绪，并保持一整天的快乐和富有成效。

获得更多日光的一种方法是在窗边吃早餐，或者在天气允许的情况下在外面吃早餐。步行上班或上学也会增加日光照射。父母甚至可以将孩子放到离学校几个街区的地方，以便他们可以在开始上学前至少15到20分钟的时间直接暴露在室外日光下。微小的变化将带来巨大的成果。

虽然早晨有阳光是最理想的选择，但白天任何时候有一些户外活动总比没有好。如果你或你的孩子可以在户外吃午餐，或者如果你的食堂或厨房有大窗户，可以让很多光线进来，那总比什么都没有好。然而，请记住，光是不可以贮备起来的。白天需要一直有阳光，我们需要光线来保持自己的警觉性和学习效力。

当你在室内时，请选择坐在最大的窗户旁边。在理想的日子里，你可能会得到2000到5000勒克斯的光，但是如果你距离窗户6英尺，光可能只有500勒克斯，差异很大。如果你的窗户被百叶窗或纱窗遮住，你白天的室内照明可能是100勒克斯或更低。即使是最好、最亮的LED灯泡也只能发出1000勒克斯。

底线是，我们希望在清醒时（通常是在白天）增强光线，并在夜间（或至少在我们睡眠的8到9小时内）减少来自蓝色光谱的光。与几十年前不同的是，当时所有的光源都主要来自家里的灯泡，现在我们从数码显示屏上获得了大量的曝光。因此，为昼夜节律管理光涵盖了管理光源，包括数字设备。事实上，当你在电脑或平板电脑上工作时，一般屏幕在一到两小时内发出的光足以抑制你的夜间褪黑素，扰乱睡眠。[13,14]然而，有新技术可以在设定的时间自动降低电脑屏幕和智能手机的亮度或颜色。你可以使用这些设置来减少晚上暴露在数字屏幕上的光，避免昼夜节律紊乱。

如果你必须在晚上工作，把灯遮住。与头顶或水平光相比，如果你能切换到只照亮你的工作区域并减少直接暴露在眼睛上的照明，你将是最有效率的。

但更重要的是，不要让你的工作干扰你的睡眠时间。你在疲倦的时候不可能同时富有成效。

生活在北京时间

中国在一个时区（北京时间）下运作。因此，早上八点在中国东部的北京是阳光灿烂的，而中国的极西部还很暗。在中国西部拥有政府职位或与国家的东部地区有业务往来的成人必须在完全黑暗的环境里醒来，使自己能够工作在北京时间。在同一时间，他们试图有正常的家庭生活，这使得他们很难在晚上九点去睡觉。时区打破了他们的昼夜节律。

关于食物和生产力的真相

每天在同一时间进食是保持强健昼夜节律的最有力方法之一。早餐和晚餐尤其如此。在这两顿饭之间，什么时候吃饭不太重要，重要的是要注意吃有利于大脑健康的食物。说到大脑功能，质量比数量更重要。吃更多的食物并不意味着我们的大脑功能会更好。实际上，空腹时大脑工作得更好。我们吃完饭就不太清醒了。这可能与我们固有的生存策略有关。当我们饿的时候，我们的大脑必须找到创造性的方法来寻找食物。

你白天任何时候的表现主要取决于你前一天晚上所做的事情（你吃饭的时间和睡觉的时间），因为那是决定你的时钟的基础，然后可以激发你的身体和大脑。研究表明，适度的禁食和运动都具有类似的促进大脑的作用。它们都可以增加一种称为脑源性神经营养因子［brain-derived neurotropic factor（BDNF）］的化学物质，该化学物质可以改善脑细胞之间的连接并改善脑功能。[15,16]当你拥有充足的 BDNF 并睡个好觉时，你的大脑将为执行复杂的任务、保持专注和高效的工作做好准备，因此你可以在更短的时间内完成相同的工作量。吃夜宵会影响你第二天的注意力。正如你在第 5 章中所了解到的，深夜进餐或半夜吃零食会扰乱我们的生物钟，导致我们第二天上午十点到下午三点之间的最佳表现的时段受到干扰。

咖啡生产力神话

咖啡中的活性成分是咖啡因，它没有任何营养益处；我们的身体不需要咖啡因就能发挥作用。咖啡因天然存在于超过四十几种植物和豆荚中，包括咖啡豆、茶叶、可乐果和可可豆。人们食用咖啡因的形式多种多样，包括咖啡、茶、可可、巧克力、汽水、能量饮料以及一些非处方药。通常，每天摄入 100 到 200 毫克咖啡因（在三杯 8 盎司的中度烘焙咖啡或两到三块黑巧克力中发现）被认为是适中的。一杯茶可以含有 25 到 30 毫克的咖啡因。

咖啡因是一种兴奋剂，在低至中等剂量时，它可以提高机敏性并减少困倦。对于普通人来说，其作用几乎是瞬间的：大多数咖啡因在 15 分钟内被吸收，并可以在该时间范围内开始其刺激作用。

尽管咖啡可以提高机敏性，但它并不能减轻你的睡眠债。相反，它将睡眠压力延迟到以后的时间。这就是为什么睡眠不足的人在这种作用消失后往往会发生“咖啡因崩溃”。他们需要另一剂咖啡来保持清醒状态。在晚上，摄入咖啡因与光照会进一步延迟你的睡眠。即使在《英国医学杂志》上发表的一项研究的标题中宣称“咖啡有益身体健康”[17,18]，但仍迫切需要谨慎。文章还指出，咖啡的健康益处是相关的，并且尚无正式原因。它还提醒注意，咖啡对增加心率、刺激中枢神经系统和焦虑感的生理影响并未考虑在内。其他有关咖啡因的评论也排除了侧重于咖啡对睡眠质量或睡眠持续时间不利影响的研究，[19]也没有提及其他表明咖啡会损害我们的身体如何处理葡萄糖[20]的方式，或咖啡如何直接破坏我们的昼夜节律的研究。[21]在美国，一个日益严重的问题是，流行的“咖啡”饮料已成为糖浆、鲜奶油、牛奶和焦糖酱（配以咖啡）的 16 至 24 盎司的混合物。[22]这种形式的咖啡是添加糖又不包含健康热量的容器。总体而言，咖啡确实可以帮助你解决昏昏欲睡的问题，但这并不是获得最佳健康状况的理想选择。

如果你发现在吃完中午大餐后感到困倦，需要再喝一杯咖啡以保持清醒，那么你可以考虑将白天的大餐转移到早晨，并享受不会使你那么累的清淡的午餐。早晨，你的机敏驱动力处于最高点，节律下的睡眠驱动力很少，因此早上受大餐影响的可能性较小。午餐后无须额外喝咖啡，你的睡眠模式也不会受到干扰。

晚上，如果你和你的家人在下午六点或七点之前吃完晚餐，你就有整晚的时间来适当消化食物。只要减少光线照射，你就会慢慢建立起睡眠动力，并且会发现不需要服用安眠药或睡前鸡尾酒就很容易入睡。

睡眠不足扰乱了昼夜节律，从而影响了学习

睡眠不足对我们的昼夜节律有四大影响：首先，睡眠不足并不能给我们的大脑足够的时间来巩固记忆。其次，熬夜会降低当晚的大脑功能和生产力。第三，当我们睡眠不足时，我们会在半夜暴露于更多的光线和增加进食的可能，这两者都会破坏我们的生物钟。第四，第二天早上，当我们醒来很晚并且急于上班时，我们几乎没有时间获得适量的早晨光照，而光照可以使我们的心情更加明亮。

睡眠不足也直接影响我们的大脑网络的维护。一项在良好控制的条件下进行的研究[23]表明，如果你选一个睡了 8 个小时的人，并且每周每天要给他们上一堂数学课，那么到周末，这个人就已经掌握了该课程，在从 10 分变成 100 分。但是，如果仅睡 4 个小时，则从 10 分变成 50 分。他们只掌握一半的内容。

在实验室外，我们在现实生活中会看到相同的效果。Ben Smarr 在西雅图研究了近三百名学生。[24]这些学生大多数都参加相同的大学生物学课。他让他们填写了他网站上的在线睡眠日志，并跟踪了他们一个月的睡觉时间和醒来时间。然后，他分析了他们的睡眠模式是如何影响他们的成绩的。你可以想象，睡个好觉和获得更好的成绩之间存在某种关系。特别是，不遵守规律的就寝时间与男性和女性学习成绩下降有关。他还发现，女性比男性对睡眠方式的变化更敏感。

开学时间和昼夜节律

开学时间正在成为全美国的热门话题，我相信我们的孩子应该得到每分钟的额外睡眠。许多科学证据支持高中应该在早晨晚些时候上课的想

法。[25,26,27]上课时间的延迟将对学生的昼夜节律产生积极影响，并将改善他们在以下三个方面的一致性：光照、睡眠和食物。

正如我们前面所讨论的，青少年对夜晚的光线最敏感，这会延迟他们的时钟和就寝时间。他们的昼夜节律时钟不会使他们早起，但是学校都安排很早上课，有时是在日出之前。这在生物钟和教育系统的要求之间产生了冲突。提早上课还导致学生错过早晨的光线，这违背了他们自然的昼夜节律。

当青少年缺乏睡眠时，他们会选择糟糕的食物。当早上走出家门时，他们可能会用谷物棒代替适当的早餐。这些谷物棒往往富含糖分，不会支撑一整天的学习。

晚上在明亮灯光下进行的课外活动，包括体育锻炼，也会影响孩子的昼夜节律。这些明亮的灯光可以抑制其自然褪黑激素的产生，延缓其昼夜节律时钟，并使他们一直到深夜都保持清醒。难怪这些孩子在午夜之前不会上床睡觉。因此，不仅是学校的上课时间，课外活动也是影响孩子们昼夜节律的另一个因素。

明亮的办公楼产生更好的结果

有一家建筑公司与我的实验室联系，该公司对通过健康的建筑设计来改善情绪和提高生产力感兴趣。他们听说了我们的黑视蛋白的工作及其和睡眠、情绪、机敏性的关系。他们很快意识到自己的办公大楼很暗，几乎没有员工有自己的窗户。当他们开始研究新建筑物时，我们向他们展示了如何选择能提供更多日光照射的建筑物。他们还想衡量获得更多日光是否会改善员工的情绪和晚上的睡眠。

在没有告知员工研究目的的情况下，我们最近开始对旧的黑暗的办公楼中的员工进行调查。我们通过问卷调查了他们的睡眠、活动和对情绪的反应。几周后，他们搬到了新大楼，我们也寄出了同样的问卷。我们发现，在新大楼中，员工更加活跃，在办公室中的移动更加频繁，并且情绪得到改善。我们还发现，他们晚上睡得更好。该公司对结果印象深刻，以至于他们正在考虑为客户进行类似的设计。

如今，将昼夜节律科学纳入建筑设计以提高居住者的生产力和健康状况是新的趋势。大的玻璃窗是增加日光的关键，随着玻璃成本的下降、质量的提高以及承重的加强和更好的隔热性，工作人员将能够在室内享受更多的日光。

在许多大型办公室中，最近也出现了一种开放式办公室设计，其设计具有更大的天花板高度，以将自然光漫射到工作区中。研究不同的办公环境以找到从气流、温度到照明、光线组成和照明方向等因素的最佳组合。很快会有一天，针对健康的照明规范将成为建筑规范的一部分。

互动白板的问题

在过去的十年中，教室发生了变化。白板和黑板的数量减少了，因为学校已投资购买了具有大显示屏的智能板和投影仪。然而，教师为了使用投影仪将房间保持黑暗。其实这也是一个危险的趋势，因为它进一步限制了日光照射。

第 7 章　将锻炼与昼夜节律同步

身体活动对身体健康与睡眠和良好的营养对于身体健康同等重要。日常运动可以改善肌肉质量、肌肉力量、骨骼健康、运动协调性、新陈代谢、肠道功能、心脏健康、肺活量，甚至可以增强大脑的功能。此外，锻炼具有昼夜节律作用，可改善睡眠和情绪。运动可以使大脑放松，减少抑郁和焦虑，增强我们体验幸福的能力。运动是最好的药物之一。在本章中，你将学习如何将所需的体育锻炼与一天中的正确时间相匹配，以及如何支持你的运动。无论你选择什么，都要坚持下去：将体育锻炼作为日常活动的一部分，使其成为一种习惯。

运动的情绪提升作用对于保持镇定和提高生产力至关重要。我最喜欢的一项研究证明了这一点，其中之一是来自荷兰的送奶工毕埃特（Piet）。毕埃特一生都是送奶工，他六十岁左右就退休了。他期待退休，那时他可以睡到很晚，然后在家休息。最重要的是，他希望减少骑自行车的时间。他过去常常骑自行车运送牛奶。

毕埃特很快制定了新的时间表。他会一直睡到早上八点或九点，有时他会躺在床上直到十点或十一点。他独自一人在家熬夜看电视，然后逐渐改变了自己的时间表，以至于他会睡到十一点或中午。他几乎不会离开沙发，然后随意在冰箱里找零食吃。他也越来越虚弱。几个月后，毕埃特开始感到沮丧。他去看心理医生，但是随着时间的推移，抑郁症只会变得更加严重。他最终不得不住院，并被安排接受休克疗法。

在医院工作的第二位精神科医生介入并阅读了毕埃特的档案。她意识到他在整个工作生涯中从未经历过任何抑郁，而从妹妹去世后或高中时期只有很少的事件能使他悲伤。最初，她认为他可能患有退休后抑郁症，但在毕埃特接受观察期间，这位精神科医生注意到他的睡眠模式和日光照射有所变化。她认为，在他的工作生涯中，他很早就醒来，要出去分发牛奶，并全程锻炼身体。然而在退休时，有时一整天他都待在完全黑暗的家里。

这位心理医生改变了毕埃特的睡眠时间表，将他放到光线充足的新房间里。她让他在医院与其他一些人见面，每天早上和下午他们一起散步。在短短的几个月内，毕埃特恢复了正常。有了更好的睡眠、社交互动和日常户外运动，他的抑郁感得以缓解。

你可能想知道，像毕埃特这样处于休克治疗边缘的人是如何通过对日程进行一些简单的调整来恢复正常？哪种干预最有帮助？是增加了在户外度过的时间，进行体育锻炼，还是毕埃特开始按照时间表安排好饮食，还是睡得更多？我们不能指望这些变化中的任何一个能改善毕埃特的状况。可以说，它们都在改善他的昼夜节律中发挥了作用，而改善的昼夜节律促进了他的健康。现在让我们集中讨论锻炼可以发挥的作用，因为对于毕埃特来说，这是他成功的主要因素。

开始动起来吧！

无论白天还是黑夜，无论何时清醒，都应确保仅在绝对必要时才坐着。尽可能多地移动。我们坐着时消耗很少的能量，这直接影响我们的新陈代谢、骨骼强度和血管健康。[1]当我们不使用肌肉时，我们会失去肌肉质量，同时会增加体内脂肪。久坐不动，甚至几天，都会大大增加我们患代谢性疾病的风险，你将在第 10 章中详细了解。

你的最低运动量是多少?

根据美国心脏协会（AHA）的资料，任何身体健康可以运动的人每周至少需要 150 分钟的中等运动，或者每周至少 75 分钟的剧烈运动（或两者结合）。分解为每周五次、每天 30 分钟的中等强度的锻炼。

锻炼不必太严格或复杂。美国心脏协会和我都相信体育锻炼可以使你运动身体并燃烧卡路里，这包括从爬楼梯到参加有组织的体育运动等各种各样的活动。

身体活动有三种基本类型：

· 有氧运动有益于你的心脏，具有节律性，并且包括可以使你的心跳加快并维持一段时间的任何运动。有氧的意思是“含氧”，是指在人体的代谢或能量产生过程中使用氧气。有氧运动时，人体会在锻炼大块肌肉时消耗氧气。

· 力量或阻力训练可增加肌肉质量和整体耐力。这种类型的运动包括短暂的高强度运动，并且依赖于存储在肌肉中的能量源。

· 伸展运动最适合于发展柔韧性和适当的肌肉功能（然后可以帮助你进行力量训练）。托斯坦 · 维厄瑟尔（Torsten Wiesel）大约四十年前因其在大脑如何处理视觉信息方面的工作而获得诺贝尔奖，他一直保持活跃和机敏直到九十多岁。有一次，当我们在哥斯达黎加的热带森林里远足时，我问托斯坦他健康生活的秘诀。他告诉我，即使在八十五岁的时候，他仍然每天早晨醒来打太极拳，因为它结合了中等强度的伸展运动和运动协调能力训练。随着年龄的增长，我们失去了运动协调能力，而锻炼可以增强灵活性和控制力，可以帮助我们避免这种运动协调能力的丧失。

这张表格可以帮助你比较同一时间段内不同类型的运动，从代谢上讲，你可以看到最大的“实惠”。当我时间有限时，我发现这有助于决定进行哪种运动。代谢当量（MET）量表上的数字越高，活动越费劲，并且对提高你的昼夜节律越好。

代谢当量（MET）样表

体育活动	MET
久坐不动的生活方式	＜1. 5
睡眠	0. 9
看电视，坐着	1
写作、案头工作、打字	1. 5
轻度的体力活动	
行走 2. 7 公里/小时（1. 7 mph），在平地上，非常缓慢的散步	2. 3
行走 4 公里/小时（2. 5 mph）	2. 9
轻松的园艺工作	2
日常房屋打扫	2. 5
中等强度的活动	3—6
慢速骑行，50 瓦，非常轻便	3
快走 4. 8 公里/小时（3. 0 mph）	3. 3
轻度或中度的家庭运动	3. 5
骑行，＜16 公里/小时（10 mph），休闲的，去工作或娱乐	4
固定骑行，100 瓦，轻松	5. 5
繁重的庭院工作或园艺	4
跳舞（芭蕾或现代）	4. 8
铲雪	6
用手动割草机修剪草坪	5. 5—6. 0
剧烈运动	＞6
一般慢跑	7
健美操（比如俯卧撑、仰卧起坐、引体向上、开合跳），剧烈的运动	8
跑步 / 慢跑	8
跳绳	10
下坡滑雪	6—8
骑行（10—16 mph）	6—10
自由泳，慢速	8
网球单打	7—12

各种体育活动的相对能量消耗以代谢当量（MET）来描述。坐着什么也不做的 MET 值通常被认为是 1。

步行带来的永恒益处

最简单、最通用的运动是步行。你可以在室内或室外的任何地方进行，而无须进入健身房。几乎每个人都可以在他们的日常活动中增加更多的步行。Fitbits 和其他运动追踪器会计算步数，建议你每天至少走10000步，以保持身体健康并减轻体重。然而，下载了健康应用程序的普通美国人每天行走约 4500 步，[2] 美国的阿米什人成年人和阿根廷的托巴族猎人（Toba）每天行走超过 15000 步。[3,4] 更令人惊讶的是，即使普通用户不断收到有关其日常活动的反馈，他们的步数也没有增加。

虽然我们可能没有做与托巴族猎人或阿米什人相同水平的活动的优势，但我们可以抽出时间锻炼身体，并尽可能地走进 10000 步。

运动对睡眠和昼夜节律的影响

任何在白天进行大量体育锻炼的人都知道，晚上入睡相对容易。甚至久坐的人如果去野营或到游乐园消磨时间也会有一个很好的睡眠。我们认为锻炼会使我们感到疲倦。但是，这种疲劳为什么会促进睡眠呢？我们的肌肉是否有特定信号告诉大脑入睡？研究表明，运动后，我们肌肉内的细胞会产生几种分子。其中之一是白介素 15（IL-15），已知它会增加骨量。有趣的是，我们现在知道 IL-15 对睡眠也有一些好处。在一项研究中，发现注射了少量IL-15 的兔子能得到更好、更深的睡眠。[5]

当肌肉细胞产生另一种分子鸢尾素时，就会发生第二种机制。许多肥胖的人的肌肉量较少，产生的鸢尾素也较少。鸢尾素的减少与阻塞性睡眠呼吸暂停相关。[6] 这些人运动可以减少睡眠呼吸暂停。[7]

这些分子联系表明肌肉在维持良好睡眠中所起的作用，而来自小鼠的一些新数据提供了另一个有趣的线索，在身体和大脑中到处都缺乏昼夜节律的小鼠的睡眠支离破碎。但是研究人员开发了一种新的遗传方法，可以打开特定的生物钟，例如肌肉中的生物钟。发生这种情况时，这些小鼠的睡眠就像大脑中有时钟的小鼠一样。[8]这一新发现暗示了一种全新的机制，肌肉时钟通过这种机制调节大脑和睡眠。这意味着，培养健康的肌肉时钟对于健康的身体和健康的大脑都至关重要。人体锻炼似乎会增加参与血红素生成的酶的水平，血红素是血液中的色素，可将氧气输送到所有组织。[9]血红素也是昼夜节律时钟的重要组成部分，因为它告诉时钟打开和关闭不同的基因。这些基因与葡萄糖和脂肪的代谢，以及肌肉分泌的激素产生有关。血液会影响大脑和其他器官的功能。这是锻炼可以作用于肌肉时钟的方式之一。

我建议所有人运动，有睡眠障碍的人可能会发现运动对他们的昼夜节律有很大影响。即使是刚刚开始新的锻炼计划的人也可以看到效果。他们将更快地入睡，而晚上更少地醒来。但是，如果你失眠，请在开始新的体育锻炼计划之前去看医生。失眠会增加患心脏病和中风的风险，因此应在医生的指导下进行锻炼计划。

维持力量的昼夜节律

我们讨论了运动如何改善睡眠和昼夜节律，但昼夜节律本身也有助于保持力量，使我们身体健康。我们的体能在很大程度上是由我们的软骨、骨骼和肌肉的整体质量和健康来决定的。这些身体力量的关键支柱中的每一个都有自己的昼夜节律，这为修复和重建这些组织奠定了节奏。

软骨细胞不能像我们体内的其他一些细胞（例如血细胞、肝细胞等）那样繁殖那么多。但是这些细胞会产生胶状物质，形成骨骼之间的缓冲。当我们四处走动时，该垫子会经常磨损。软骨细胞以日常节奏产生这种胶状物质，夜间则产生更多。当我们变老或时钟被打乱时，这种修复过程就会减少，[10]这可能导致骨关节炎。

因为定期磨损，骨头也要经过每天的修复过程，这与软骨修复不同。我们的骨骼由细胞分泌的矿物质（包括钙）组成。另一种类型的骨细胞会吞噬受损的骨头。这些细胞中的昼夜节律时钟是同步的，因此不会在一天的同一时间吃骨头和造骨头。这两种细胞类型之间的平衡很重要。食骨细胞活动过多会导致骨质流失，而过多的制骨活动会压迫其他骨骼，并在关节附近造成额外的损伤。随着年龄的增长或生活方式的不稳定，我们的生物钟会变弱。发生这种情况时，制骨细胞并非每天都被完全激活，因此它们无法产生足够的原材料来制造新的骨骼。同样，食骨细胞并未完全激活，因此它们无法完全清除所有受损的骨骼材料，最终导致骨骼脆弱，容易骨折。为了保持最健康的骨骼，我们需要有一个强健的睡眠—觉醒周期，在适当的时间进食并进行锻炼。

昼夜节律时钟在新肌纤维的形成和肌肉功能中都起着至关重要的作用。时钟基因直接调节其他基因，这些基因是制造新的肌肉细胞或肌肉纤维所必需的。时钟基因还决定着我们的肌肉类型。通常，我们有两种类型的肌肉：慢抽肌肉（Ⅰ型）富含线粒体，可以帮助我们进行耐力运动或马拉松赛跑。快速抽搐（Ⅱ型）肌肉含有较少的线粒体，当我们短跑时可以帮助我们。拥有一个更好的时钟似乎会增加慢抽肌的肌肉。[11]

昼夜节律时钟还可以滋养我们的肌肉。根据我们刚吃一顿饭还是禁食，肌肉时钟激活参与吸收或利用葡萄糖或脂肪的代谢基因的功能，进而促进肌肉的功能。[12]昼夜节律时钟指示其他基因分解受损的肌肉蛋白，并在我们睡觉时将其运送到肝脏进行回收。时钟还有助于产生新的肌肉蛋白，并确保肌肉纤维为实现连贯的运动作准备。由于昼夜节律时钟在肌肉结构和功能中具有所有这些重要作用，因此肌肉缺乏功能性时钟的小鼠无法充分运动，并且过早疲劳，不足为奇。[13]

何时运动

由于我们大多数人没有足够的时间锻炼身体，经常有人问我是否有最佳锻炼时间，以便获得最大的收益。首先，让我们谈谈持续时间。如果你没有每天 30 至 45 分钟不间断锻炼的时间，那么将你的时间分成每天 10 至 15 分钟的两个或三个部分，你将获得所有相同的好处。这实际上可以很好地增强你的昼夜节律，因为在清晨和傍晚进行锻炼可以提高昼夜节律。我们的祖先一整天都很活跃，尤其是在早晨和傍晚。野外有许多动物在黎明和黄昏活跃，因此越来越需要猎人和采集者在一天的这两个时间段中活跃。

锻炼 + 时间限制性饮食 =最大脂肪燃烧潜力

传统观点认为，你应该在进行任何体育锻炼之前进食。这并非总是如此。如果你在早晨散步、跑步或骑自行车之前禁食 10 至 12 个小时，则在锻炼过程中很可能会吸收体内储存的脂肪以获取能量。如果你在早上打破一整夜休息的节律之前开始运动，那么肌肉将消耗更多的能量，使用更多的脂肪作为能量来源，实际上会燃烧更多的体内脂肪。而且，你的肌肉越多，全天消耗的卡路里就越多，身体就越健康。早晨空腹进行剧烈的力量运动或对身体有要求的运动（如划船、足球或篮球）可能不能呈现最佳表现，但早饭前散步、适度跑步或骑自行车是可以进行的体育活动。

早上运动

清晨是出门并开始有氧运动的好时机。轻快的散步或在明亮的日光下进行的任何户外活动都是使大脑时钟同步的极好方法，是克服任何形式的时差或帮助你摆脱睡眠不足的一种方法。它也是维持和增强脑功能的重要机制。首先，它将改善你一整天的情绪。此外，运动会刺激新的脑细胞生成,[14]并增强建立新的神经元连接的能力，从而使你可以进行更深入的学习和更多的记忆。我们还知道运动可以通过改善神经元修复自身 DNA 的能力来帮助修复受损的脑细胞。[15]这种损伤修复作用会帮助减少患老年痴呆症的人的大脑斑块。[16]

你是否要等到日出才能开始早上散步、跑步、游泳或骑自行车都没关系。你可以在日出之前或之后的 30 分钟到两小时内开始任何运动。在此期间，室外光可以高达 800 至 1000 勒克斯，这是理想的舒适日光量。这种明亮的光将激活你眼睛中的蓝光传感器，并且，在你运动时这些传感器将激发你的大脑。如果你早上在健身房运动，请不要选择房间最暗的角落。相反，你可以在大玻璃窗旁边或在强光下的位置运动。

只要你根据天气合适地穿着，就可以在全年的大部分时间里散步，除非有关于天气上的建议。实际上，在冷空气中运动会带来一些其他的健康益处。冷空气会激活棕色脂肪，或将白色脂肪转化为米色脂肪。[17]棕色脂肪富含线粒体（任何细胞的能量货币）。线粒体增多意味着脂肪细胞具有更多的燃烧能力。此外，在冷空气环境进行锻炼时，会燃烧体内脂肪以使身体变热。事实上，你可以通过仅仅只是暴露在低温下而燃烧一些脂肪。[18]

清晨户外运动的好处

出于多种原因，清晨进行户外运动是理想的选择。

- 你会暴露在日光下以同步你的大脑时钟。
- 暴露在日光下可提高机敏性并减少沮丧感。
- 在寒冷的日子里，你会激活棕色脂肪并增加脂肪燃烧的潜力。
- 早晨皮质醇会自然提高到健康水平，这将减少炎症。

下午运动

参加体育锻炼的另一个好时机是在黄昏或傍晚，[19]从下午三点开始到晚餐时间。这是肌肉紧张开始上升的时候，因此是进行力量训练的最佳时间，包括举重或室内剧烈运动。高强度的运动员以及那些试图优化身体素质的人会发现，在常规饮食前进行日常锻炼，再加上富含蛋白质的膳食，将有助于修复肌肉，增强肌肉质量并促进恢复。

峰值性能这一方面的昼夜节律成分可能来自各种内部时钟。肌肉在下午晚些时候进行修复时，吸收并利用营养。白天，涉及运动协调的大脑功能通常很高，这进一步有助于运动表现。下午的血流量和血压也很高，可能会改善肌肉的氧合作用。

运动表现也有昼夜节律性。即使在竞技运动员中，运动表现一天之内也可能相差 25%。[20]如果你希望从锻炼中获得最大的好处，并且伤害最少，那么下午是最佳的锻炼时间。有大量研究表明，在下午晚些时候，运动协调和体能达到峰值。针对 1970 至 1994 年的二十五个赛季的夜间足球比赛分析，得出的观察结果进一步证明了这一点。[21]当西海岸队在飞行后 48 小时内前往东海岸参加星期一夜间足球比赛时，尽管东海岸队拥有主场优势，但西海岸队击败东海岸队的机会明显更高。这是因为东海岸队（East Coast team）安排在晚上九点开始比赛，正是其运动峰值表现的下降期。西海岸队仍沿用旧时区的昼夜节律，实际上正好在下午六点、他们的最佳表现时间进行比赛。

对于普通人（我们大多数人）而言，下午或晚上进行锻炼有两个实际好处。运动可以减少食欲，[22]下午运动不仅可以燃烧一些卡路里，还可以减少晚餐时的饥饿感，所以你可以少吃些东西。运动还可以帮助我们的肌肉吸收更多的葡萄糖，不依赖胰岛素的机制。[23]由于胰岛素的产生和释放在整个晚上逐渐下降，因此仅靠胰岛素可能不足以防止我们的血糖水平超出健康范围。只须进行 15 分钟的夜间锻炼，就会增强我们的肌肉吸收某些血糖并将其保持在健康范围内的能力。

有些人担心，如果他们将剧烈运动推到这个窗口的外部界限，他们在晚餐和睡眠之间将没有足够的时间。假设你的工作时间是传统的上午九点至下午五点。下班后运动，然后吃晚饭。现在，你将晚餐推迟到晚上七点三十分或者晚上八点。没关系，因为锻炼消除了一些罪过：锻炼带来的好处超过了损失的一两个小时的限制性饮食。如果你要进行耐力运动，即尝试超越极限并加倍努力，那么你记住，你只需要进行 10 小时的限制性饮食就可以了。

聊胜于无：晚饭后锻炼

如果你不能在早上或下午进行运动，晚上运动总比没有好，它自有其一系列特定益处，这些益处会影响你的新陈代谢和维持血糖水平。进行体育锻炼会增加对葡萄糖的需求，肌肉可以吸收大量的血糖，从而减少了晚餐后的血糖峰值，使它处于正常的生理范围。晚餐后进行轻微的体育锻炼，例如晚上散步或在家里做家务可以帮助消化，让食物移至消化道中并减少胃酸倒流或胃灼热的机会。由于胰岛素释放和对血糖调节的后续作用在晚上下降，[24,25]对于有Ⅱ型糖尿病风险的人来说，晚上进行的任何体育锻炼都像服用糖尿病药那样在降低血糖。

我们尚不清楚晚餐后的运动是否会影响睡眠，但我们知道任何体育锻炼都会促进睡眠。而且我们确实知道，夜间的强光照射会延迟你的睡眠时间。如果你必须在晚餐后开始运动，最好不要在明亮的灯光下进行。

然而，并非所有的夜间运动都是一个好主意。最好在晚餐前进行极限运动或高强度运动。在健身房或跑步机上进行深夜运动可能会使皮质醇升高至早晨水平，并延迟夜间褪黑激素的升高。剧烈运动也会提高体温和心率。所有这些因素都会干扰你的睡眠能力。你可能会发送时间还早的信号而重置时钟。更重要的是，如果你在晚上进行非常剧烈的运动，那么大脑会认为这是黄昏，而通常这时候我们会更加活跃，因此会延迟褪黑激素的分泌。这可能是为什么一些（并非全部）在深夜运动的人在午夜之后才去睡觉的原因。如果只有深夜可以运动，睡前洗个澡可以帮助你的身体放松下来，帮助你入睡。

夜班工作者应何时运动?

夜班工作通常涉及体育锻炼，因此许多夜班工作者可能不需要额外的运动。但是，在许多行业中，夜班工作的性质已经改变，并且变得久坐不动，这可能使人昏昏欲睡，并触发对咖啡因的依赖，使他们保持清醒，这反过来又干扰了他们回家后试图入睡的情况。

尽管没有太多科学数据可以证明，运动是可以作为时间提示，将生物钟重置为新时区的，但我们确实知道运动可以重置整个人体和大脑的生物钟。由于夜间锻炼可以提高机敏性并抑制睡眠，这可以视作夜班工人的优势。实际上，圣地亚哥警察局的资深警长寇里・马普斯通（Cory Mapstone）已经弄清楚了如何使他的生物钟与他的轮班工作保持一致。在值班期间的安静夜晚，他开车去社区公园，花几分钟时间进行一些高强度运动——俯卧撑，起重挺举，弓步等，增加了皮质醇的产生。寇里报告说，这种技巧帮助他避免陷入咖啡和能量饮料的陷阱，确保他的班次结束后可以入睡。

定时进餐可改善运动表现

就像运动可以改善睡眠和昼夜节律一样，良好的睡眠和昼夜节律也会对运动表现有所回报。众所周知，睡个好觉是获得最佳运动成绩的必要条件。[26]但是饮食和用餐时间呢？

众所周知，高强度运动员会吃很多蛋白质来增强肌肉。但除非你要参加奥运会比赛，否则请坚持第5章中所述的均衡饮食。每个人都应该更多地关注自己的饮食时间，而不是饮食。我们的研究发现，与决定让小鼠何时进食相比，当我们仅给小鼠喂食8至10个小时，就出现了与饮食和运动有关的三个实质性好处。第一个改善是肌肉质量。我们假设禁食14到16个小时，会破坏肌肉并且肌肉质量会下降。实际上，我们发现完全相反。当小鼠只进食12小时，我们再也没有看到肌肉质量下降。事实上，只有脂肪量减少了。如果小鼠在8到10个小时内吃了健康的饮食，它们就会逐渐增加肌肉质量，并且在36周后，它们的肌肉质量比随时进食的小鼠多10%到15%。[27]

我们还知道，与修复肌肉和肌肉生长有关的许多基因都是昼夜节律的，且在白天的产量最高。这些基因直接受昼夜节律和进食禁食周期的指导。在我们的实验室中，我们发现小鼠的肌肉修复和年轻化基因由于拥有健康的昼夜节律和清晰的禁食周期而倍增。这可以解释为什么小鼠们获得了更多的肌肉。

我们尚未直接对运动员进行测试。但是，有一些证据表明这可能是真的。几位私人教练正在采用8小时进餐窗口以及运动作为健身秘诀。著名的金刚狼休·杰克曼（Hugh Jackman）饮食实际上是8小时限制性饮食间隔。对遵循8小时TRE的进行阻力训练的运动员的系统研究，也显示出一些好处。请记住，这些都是受过阻力训练的运动员，一开始就具有出色的体质和身体组成。他们已经非常注意自己拥有的每一盎司脂肪和肌肉。因此，研究人员并不期望采用10周的限制性饮食会带来太多额外的收益。这些运动员的肌肉质量没有下降，但是令人惊讶的是，他们的脂肪质量大大减少了，许多健康指标也得到了改善。这使我们相信，对于从无运动到极限运动的整个人群，限制性饮食都可以带来健康益处。

我们在接受 TRE 实验的小鼠身上看到的第二个改善是耐力运动能力的提高。跑马拉松对身体和精神都有很大的压力。忍受痛苦并享受痛苦是恢复能力的标志。当我们开始如此长时间的体育锻炼时，我们的身体最初会利用容易获得的糖作为能量来源，而当葡萄糖或糖原消耗殆尽时，我们就会“碰壁”。我们的大脑和身体筋疲力尽，无法再持续。耐力训练可以帮助肌肉进行两种非常有益的新陈代谢适应：肌肉学会在有食物的情况下从血液中吸收更多的葡萄糖，以便在耐力训练中可以使用更多的葡萄糖和糖原。当所有存储的糖原都用完时，它还学会适应另一种能量，肌肉会切换为使用储存的脂肪作为能量来源。脂肪被转化为酮体，这种简单的碳源被用作额外的能量。

限时饮食与耐力运动相结合，为我们的身体带来双重好处。限制性饮食增强了肌肉修复和再生的信号，有助于维持或增强肌肉质量，而增加的体育活动有助于将更多的葡萄糖从血液中吸收到肌肉中，因此多余的葡萄糖从肝脏中转移了出来，避免变成脂肪存储在肝脏中（这可能导致脂肪肝疾病）。

小鼠 TRE 实验的第三项改善是运动协调性。我们发现遵循限制性饮食的小鼠运动协调性增强。在我的实验室中，我们将老鼠放在转鼓中，它们必须保持平衡。我们发现，如果它们吃 8 到 10 个小时，它们可以在转鼓上停留时间超过 20%。运动协调在我们的一生中都很重要，尤其随着年龄的增长。

8 小时是压缩所有卡路里摄入量的魔力数字吗？我们不确定这一点，但是数百名使用 myCircadianClock 应用程序或自我监控饮食模式并尝试在跑步机上或小径上骑行或跑步的运动员和健康爱好者，会告诉我们进食 8—10 个小时会改善耐力。当他们进食 10 个小时以上时，大多数人会失去由时间限制性饮食而获得的提升耐力的好处，虽然对改善睡眠或减少脂肪没有多少影响。

定期锻炼的人报告称，[30]他们在运动后较少感到饥饿，这使得 8 小时的 TRE 更易于管理。原因是运动可以减少饥饿激素，增加饱腹感激素，这也是在昼夜节律的控制下。与适度运动相比，剧烈运动对饥饿感的影响更大的原因。但是，你必须保持锻炼习惯，否则这种好处会在几天内逐渐消失。

遵循时间限制性饮食（TRE），隆达的运动表现提高了

隆达·帕特里克（Rhonda Patrick）播出了一个名为 FoundMyFitness 的播客，我很幸运地被邀请出现在她的节目中。隆达在节食和运动方面非常小心。当她开始做 12 个小时的 TRE 时，她感觉很好，并告诉我她更加机敏，并且她的主观健康感有所增强。当她尝试 10 个小时的 TRE 时，她意识到自己的耐力增强了。经过数英里的跑步或骑自行车，她感到不那么累了。但是，当她回到 12 小时的 TRE 时，这种好处就消失了。

对于我们每个人而言，创造持久耐力的最佳途径可能有所不同，我们也不知道一个人饮食类型是否会对此产生影响。在小鼠 TRE 实验中，我们发现每天只进食 8 或 9 个小时（禁食 15 或 16 个小时）的小鼠体内的酮体适度增加。已知禁食几个小时后会产生酮体。酮体的增加与耐力的增加有关。[29]隆达进行 10 小时的 TRE 时，酮的吸收量可能会适度增加，但当她进行 12 小时的 TRE 时，酮的吸收量却不会增加。富含脂肪或酮体的饮食自然可以促进酮的产生，而富含碳水化合物的饮食则不能。因此，人们可以注意自己的饮食习惯以及正在做多少小时的 TRE，以找到适合自己的耐力提高点。

第 8 章　昼夜节律破坏因素：光与电子产品

现代生活意味着至少一百年以来，白天获取自然光的机会减少，而夜间获取更多的人造光，但是工业化和电力并不是最终促使我们走向昼夜节律几乎崩溃的原因。相反，这是因为数字屏幕的突然普及。轮班工作在几年前才是昼夜节律的主要破坏者，而今天，网络是罪魁祸首。

我们生活在一个时空错乱的世界中，受全天候新闻和娱乐的控制。虚拟世界没有白天和黑夜：我们总能找到可以与之聊天的人，可以娱乐我们或填补空白、失眠或无聊的人。而且，即使我们不关注最新的小猫视频、名人表情包或自然政治/灾难，我们也将尝试通过社交网络与居住在不同时区的朋友、家人或同事保持联系。这种生活方式造成了一种全新的昼夜节律紊乱—数字时差反应，我们的身体位于一个位置，而我们的大脑却在另一个位置。

但是我们知道，身体并不能长久处于清醒状态。当癌症专家说轮班工作是已知的致癌因素，他们指的是能使轮班工作者熬夜工作的强光照射。国家毒理学的最新报告评估了与光有关的非癌症相关的健康问题。他们发现，夜间曝光可能与心脏病、代谢疾病、生殖问题、胃肠道疾病、免疫疾病和许多精神疾病有关。[1]有趣的是，这些是许多美国人面临的共同的慢性病，并且已知它们都具有昼夜节律成分。在第三部分中，我们将分别讨论每个问题。

在半夜暴露在明亮的光线下，我们知道这会导致整个昼夜节律崩溃。

哈佛大学的查尔斯·切斯勒（Charles Czeisler）在二十世纪八十年代做了一个简单的实验。他带了健康的志愿者并记录了他们的基本体温，然后在夜晚的不同时间将他们暴露在明亮的光线下。第二天，他记录了他们的体温，发现在午夜至凌晨两点暴露于强光下的志愿者中，第二天核心体温的昼夜节律完全消失了，好像他们的身体立即失去了追踪时间的能力。[2]第三天需要恢复其正常的明暗周期，体温才恢复正常。

小鼠的一些实验表明，光的作用可能会超出简单的警觉、睡眠、抑郁和偏头痛的范围，直至更严重的癫痫病例。通常在晚上发生某种类型的癫痫病，称为夜间额叶癫痫（nocturnal frontal lobe epilepsy），尽管这种疾病的某些形式是在白天由明亮闪烁的光触发的。在人类中，该疾病是由称为胆碱能受体烟碱 beta 2（CHRNB2）的基因突变引起的。我在索尔克生物研究所的一位尊敬的同事史蒂夫·海涅曼（Steve Heinemann）以发现神经系统的几个分子而闻名，他研究的小鼠虽然带了与引起人类夜间癫痫病相同的基因突变，但是小鼠从未表现出任何癫痫迹象，史蒂夫失去了兴趣。它有时确实会发生，这是一种人类疾病，无法在小鼠中精确复制，反之亦然。我对该基因感兴趣，因为它在大脑中表现出昼夜节律，因此我认为它可能与唤醒和睡眠调节有关。当我们监测这些小鼠的昼夜节律活动模式时，我们意识到它们实际上存在睡眠问题。正常小鼠在晚上醒来并在早晨入睡之前一直保持活跃，而 beta 2 突变小鼠在半夜醒来，并且在早晨之前仍然活跃，[3]就好像它们对光的正常反应发生了改变。有趣的是，患有夜间额叶癫痫的患者也保持清醒至深夜，并且整天都非常困倦。尽管这些小鼠无法复制人类的癫痫发作型态，但我们满意的是，突变小鼠的睡眠—唤醒模式与人类患者的睡眠模式相同。这些实验为我们提供了最初的线索，表明该基因可以通过增强或减弱从眼睛到大脑的光信号来起作用，以帮助大脑决定保持清醒还是睡眠。

几年后，加州大学伯克利分校的 Marla Feller 发现了另一个令人惊讶的结果。她指出，缺少该基因的小鼠对蓝光谱中的光非常敏感。即使在昏暗的灯光下，它们眼睛中的神经细胞也会发亮，就像它们的眼睛暴露在非常明亮的光线下一样。[4]该缺陷可追溯到黑视蛋白细胞对光的过度敏感性。在生命的早期，我们的眼睛并未完全连接到大脑。眼睛中的神经节细胞实际上将其从眼睛传递到大脑的所有光信息分支出来，或专用于连接到多个大脑区域，以调节光如何影响视力、行为、睡眠、机敏、抑郁、癫痫发作、偏头痛等。神经节细胞的这种模式已被大量研究。可以想象，眼睛和大脑之间的连接不畅会带来终身后果。令人惊讶的是，尽管黑视蛋白只存在于所有神经节细胞的 2%至 4%的一小部分中，但当这些黑视蛋白细胞的活性降低或活性增强时，它们也会影响其余 96%到 98%的细胞连接到它们各自的大脑目标。缺乏 β2 基因的小鼠的黑视蛋白神经节细胞更加敏感，它们与神经节细胞的整体连接也存在缺陷。

相反，布朗大学的戴维·伯森（David Berson）表明，缺乏黑视蛋白基因的小鼠与大脑的连接也有缺陷。[5]在老鼠身上进行的这些实验预测，人的几种神经系统疾病，包括偏头痛、癫痫，甚至过度的光敏性，都可能对我们的眼睛与大脑的连接产生潜在的问题。这些都是由潜在的基因突变所造成的使人衰弱的疾病，不那么严重的突变可能不会导致疾病，但是会对我们终生对光的敏感性产生非常微妙的影响。有些人可能不那么敏感，在起居室中通常的光线下入睡没有问题，而另一些人可能会发现，相同强度的光线会使他们一直到深夜都醒着，他们只能在黑暗的卧室里睡觉。

昏暗的光线也会干扰昼夜节律。哈佛大学的睡眠研究员史蒂芬·洛克利指出，即使只有 8 勒克斯（亮度是大多数台灯所能达到的亮度，是夜灯的两倍）也会有影响。大多数屏幕的中高亮度会为我们的视网膜和大脑带来更多的蓝光。蓝色的波长（在白天特别有用，因为它们可以提高注意力、反应时间和心情），在晚上似乎最具破坏性。接触它们会减少褪黑素

具有丰富的或贫乏的蓝光光源的不同类型的光线

光谱组成

光线来源	色温	紫	靛	蓝	绿	黄	橙	红	
日光	5500–7500K	+	+	+	+	+	+	+	• 提高警觉性
冷白色LED灯	6000K	-	+	+	+	+	+	+	• 减少睡眠
电脑/手机屏幕	6500–7500K	-	+	+	+	+	+	+	• 最适合白天
自然白光LED灯	3000–4000K	-	+	+	+	+	+	+	• 扰乱夜间的昼夜节律
暖色白光LED灯	4000–5000K	-	+	+	+	+	+	+	
节能灯泡	6000K	-	+	+	+	-	+	-	
白炽灯泡	2700K	-	-	-	+	+	+	+	• 白天活动光线不足
卤素灯泡	3000K	-	-	-	-	+	+	+	• 最适合晚上
户外/高压钠灯	2200K	-	-	-	-	+	+	+	• 工作照明
OLED蜡烛灯	2000K	-	-	-	-	+	+	+	• 在晚上减少对昼夜节律的危害
蜡烛	1800K	-	-	-	-	-	+	+	

的产生并抑制睡眠。对于儿童和青少年来说，充满蓝光的屏幕会造成一个特殊的问题。2016 年一项针对六百名儿童的研究表明，增加屏幕时间的儿童更有可能出现不良的睡眠质量和行为问题。[6]

减少屏幕上的蓝光

就像有控制地使用火能改变人类的生活一样，如何明智地让数字世界恢复我们的健康是一个关键。由于我们每天花费 8 个小时以上的时间来查看数字屏幕，因此屏幕的亮度和色彩是曝光的重要来源。[7]减少屏幕上的蓝光是减少晚上暴露在蓝光下的明智方法。

令人欣喜的是，1998 年在青蛙皮肤中发现的黑视蛋白已基本转变为一场蓝光革命。[8]例如，著名的照片编辑软件 Picasa（最终与 Google 相册合并）的发明者 Michael Herf 对我们的研究特别感兴趣。他认识到，一个简单的应用程序可以将传统蓝光屏幕的亮度和颜色更改为少量蓝光的略带橙色的屏幕，这可能对某些人有帮助。他设计了 f.lux 应用程序，可以将其下载到任何电脑或 Android 手机上。可以对其进行编程，以自动将屏幕的颜色和亮度更改为与用户喜欢的睡眠时间相匹配的更舒缓的橙色或红色。全球有成千上万的人已经下载了该应用程序，并且临床研究表明，通过 f.lux 减少蓝光暴露可以改善睡眠并减少眼睛疲劳。

苹果、三星和其他手机制造商看到了这种简单应用程序的巨大成功，使其成为许多智能手机的标准功能。苹果手机将其称为夜班功能：你所需要做的就是设定你喜欢的睡眠和醒来时间，该应用程序会处理剩下的时间，减少屏幕的蓝光，将其从明亮的白色转变为米黄色。现在几乎所有上市的新型笔记本电脑和平板电脑都具有内置功能，可以设置屏幕亮度或颜色的更改时间。很高兴看到我们在小鼠实验中的发现，在十五年内从简单的观察变成了被超过十亿个设备采用的应用程序。

许多新电视也使用这项技术。三星的“护眼模式”等功能会逐渐改变颜色并减少电视屏幕上的蓝光。你的眼睛会慢慢适应，在看你最喜欢的节目时你甚至注意不到颜色的变化。这样一来，你就可以欣赏电视，而你的睡眠不会受到蓝光的影响。

如果你不想买一台新电视，那么附加产品可以改变你现有的电视机。例如，“Drift TV”是一个小盒子，可通过 HDMI 输入连接到电视，并从屏幕上去除一定比例的蓝光。你可以设置要过滤的蓝光的数量，例如可以将 Drift TV 设置为在 1 小时内消除所有蓝光的 50%（或以 10 为增量的任何百分比）。这样的变化是不明显的，做到了无缝的衔接。

家居照明很容易解决

我们在照明和蓝光领域的发现，启发了照明制造商、建筑师、照明工程师和室内设计师重新思考室内照明。这些专业人士正将生物钟照明定位为下一个重大的财务机会，因此，将生物钟照明带入我们家庭的进一步创新和竞争的时机已经成熟。

灯泡的不断发展为昼夜节律的恢复提出了新的挑战和机遇。例如，由于长期难以生产蓝光谱灯，LED（发光二极管）灯泡最初是在红色和绿色光谱中生产的。最近，赤崎勇（Isamu Akasaki）、天野弘（Hiroshi Amano）和中村修二（Shuji Nakamura）的 2014 年诺贝尔奖获奖成果使蓝光谱 LED 灯泡的价格更加实惠。这些蓝光 LED 灯泡产生的光量增加了几倍，因此 12 瓦 LED 灯泡的亮度与十年前的 60 瓦光源一样。这项照明方面的开创性发明降低了功耗，并促成了 LED 灯的工业规模生产。尽管这些 LED 灯比老式的白炽灯泡节能得多，但它们会产生更多的蓝光，扰乱人们晚上入睡的能力。随着越来越多的人从白炽灯泡转向这些更便宜的 LED，昼夜节律问题只会越来越严重。

美国国家航空航天局（NASA）已经向我们推广了一些最出色的家用产品和科学成果，例如魔术贴扣和果珍。我们从国际空间站获悉，宇航员的昼夜节律受到严重破坏。由于持续不断的照明以及与真正的日出和日落之间缺乏联系，他们失去了对白天和黑夜的感觉。为了改善他们的睡眠和昼夜节律，美国国家航空航天局正在将空间站中的灯泡更换为新的 LED 灯泡，以控制颜色和亮度的变化。

这些可调 LED 灯也可用于家庭，甚至可以通过智能手机或遥控器来调节灯的亮度和颜色。还可以对它们进行编程，使它们在一天的不同时间更改颜色和亮度。换句话说，我们可以通过在白天增加蓝光并在晚上增加琥珀色光（模拟自然的昼夜循环）来重新创建半自然照明。早晨的灯光从完全黑暗变为明亮的蓝色。在一天快结束时，它们会慢慢变暗为橙色，然后完全变暗。这些可调灯泡的成本目前很高，但正如过去一百年的照明趋势所显示的那样，成本可能很快就会下降。灯泡可在线购买，也可在许多五金店购买。

目前，房主可以在现有的 LED 灯上安装调光开关。在白天，可以将灯光设置为全亮，而在晚上，可以将它们适当调暗，足够在家里安全移动。另一个简单的解决方法是将不同的灯泡放在不同的房间中。例如，如果你有两个浴室，则在晚上通常使用的浴室中安装昏暗的照明，而在早晨使用的浴室中安装明亮的蓝光 LED 照明。当你醒来、走进明亮的蓝光浴室并暴露在光线下时，身体将开始减少褪黑素的产生并使你变得更加机敏。

如果你晚上经常醒来使用浴室，则可以安装直接照射地板的感应式照明。这种类型的照明具有最小的干扰性，不会激活眼睛中的蓝光传感器。我发现它现在已成为许多酒店的标准配备，我可以想象它在医院、疗养院以及消费市场中可能会起到多么大的作用。

你也可以使用橙色光的灯泡。这些灯泡的蓝光较少，不会对你的生物钟造成太大的干扰。它们还支持晚上褪黑素的升高，这样家里的每个人都会在晚上 10 或 11 点左右感到困倦。许多大型家庭零售商的照明部门都会提供样品，以便你清楚地看到它们之间的区别。

你还可以调整晚上使用的照明类型。为了阅读或做作业，你可能需要比暗淡的顶灯亮的光线。与其将整个房间照亮，不如将重点放在台灯的工作照明上。这种类型的光线实际上落在工作表面上，而不是你的眼睛上，因此你仍然可以在总曝光较少但相对明亮的光线下工作。

红灯的蓝光最少，适合夜灯。例如，英国有一个电视节目，名为《房子里的医生》（Doctor in the House）。主持人兰甘·查特吉（Rangan Chatterjee）博士暂时与房子主人同住，以解决他们的健康问题。他分析了他们的生活方式，看看他们可以做出哪些简单的改变来改善健康状况。他非常关注我的工作，他提出的建议之一是将儿童卧室的夜灯改为红灯。他发现这可以将孩子的睡眠时间延长 1 个小时。

青少年、灯光和电脑

我们已经进行了一些初步研究，显示青春期的男孩喜欢生活在黑暗中。这显然破坏了他们的昼夜节律：在他们应该暴露于强光的白天，他们避免了强光，然后他们整夜在黑暗的房间里看屏幕。因此，如果你是男孩的父母并且看到了这种行为，请鼓励他进行户外活动，并对他们的电脑和手机进行编程使其在晚上睡前两小时发出较少的蓝光。

尝试滤蓝光眼镜

三十多年来，我们已经知道滤蓝光的眼镜可以缓解慢性偏头痛。1980年代后期，在远未从分子和神经水平了解蓝光的影响时，在一项研究中，医生怀疑光的颜色会影响偏头痛。他对每个因偏头痛而缺课的孩子做了一个简单的实验。孩子们分为两组，一组要戴过滤蓝光的粉红色眼镜，另一组要戴过滤橙光的蓝色眼镜。戴过滤蓝光眼镜的孩子发生偏头痛的概率更低，发作的时间也更短，他们错过的上学时间也更少。[9]

2010年，东京庆应大学医学研究生院眼科教授坪田一男（Kazuo Tsubota）听说了我们在蓝光感应黑视蛋白上的工作。他目睹了日本令人不安的昼夜节律破坏趋势。年幼的孩子在电脑屏幕前玩电子游戏上花费了太多时间，晚上睡得很少，整日都感到疲倦。老年人也花太多时间看深夜电视。作为照明技术的领导者，日本也在迅速适应LED灯。坪田博士认为说服人们调暗灯光将是一个失败的主张。相反，他提出了一个简单的想法：滤蓝光的眼镜可能对减轻眼睛压力和改善睡眠非常有帮助。就像在白天戴太阳镜以保护眼睛免受阳光直射一样，他在晚上戴蓝光过滤眼镜，以减少在家看电视时或在超级市场、药店或体育馆中射入眼睛的蓝光量。

科学发现的涓滴效应

2013 年，坪田博士在东京召开了蓝光会议。这是照明工程师、眼科医生、精神病学家和像我这样的科学家第一次聚会，讨论如何管理新一轮的 LED 照明。几年前坪田博士在日本引发的事件现在仍在世界各地回荡。2017 年 3 月，在参加来自各个领域的思想领袖的未来会议时，有人以 99 美元的价格将蓝光过滤的“黑视蛋白眼镜”卖给了我。一个月后，当我去验光师那里买一副新眼镜时，她问我是否需要在我的新处方眼镜上镀一层蓝色滤光膜。

当我 2012 年与坪田博士见面时，他已经为这副眼镜定制了粉红色镜片。每天晚上七点左右，他都会摘下平日的眼镜，戴上粉红色的眼镜。他个人经历了更好的睡眠。然后，他说服眼镜制造公司 JINS 推出了一种价格可能低于 25 美元的消费产品。JINS 的滤蓝光眼镜在日本像烤饼一样出售。许多眼镜制造商通过美国验光配镜行或网络出售它们。现在，即使是从透明变为深色的“过滤”镜片也可以保护佩戴者的眼睛免受太阳的伤害，它们也被称为“蓝光过滤”眼镜。

你可以在晚餐后立即戴上过滤蓝光的眼镜，然后在 10 到 15 分钟内，你的眼睛就会放松，眼睛疲劳会减轻，大脑会适应颜色。人们可能会认为你是保罗 · 大卫 · 休森的忠实拥护者，但这没关系；至少你可以控制进入视网膜的光线。

如果你戴能滤蓝光的眼镜，则无须更换家中的灯泡或安装适用于笔记本电脑或电视的应用程序。但是，如果你戴近视眼镜，请勿在白天用滤蓝光镜覆盖眼镜，因为白天仍需要蓝光。（如果你正在旅行，这实际上会使时差增加。）如果你要使用滤蓝光的眼镜，请确保仅在晚上使用，睡觉前仅将它戴上 3 至 4 个小时。

最后，请注意镜片的颜色。橙色 / 粉红色色调可以滤除最多的蓝光；其他颜色只能滤除 5％到 15％的蓝光，而无法产生真正的效果。

白天不要戴滤蓝光眼镜

我感到很高兴的是我实验室的基础科学发现改变了生活，但我也有些担心。2017 年 4 月，我接到朋友加利福尼亚州佛森市的初级保健医师朱莉・韦・沙茨（Julie Wei-Shatzel）的电话。韦・沙茨博士告诉我她的一位患者最近一次从东海岸旅行后就出现了严重的时差反应和抑郁症状。她发现患者罗伯特（Robert）刚配了一副新眼镜，眼镜上有蓝色滤光涂层。他在计算机上工作时戴它，该眼镜旨在减轻眼睛疲劳。韦・沙茨博士发现，尽管它们很有效，但白天连续使用滤蓝光的眼镜实际上滤除了大部分我们需要用来保持心情并让生物钟跟随当地时间的蓝光。由于他的眼镜过滤蓝光，罗伯特的时钟被卡住了。缺少明亮的光线正像加拿大北部的冬天，他的大脑正慢慢向沮丧的方向漂移。

韦・沙茨博士了解我的团队在蓝光上所做的工作，因此她要求罗伯特换回他的旧眼镜，看看是否可以改善他的心情。几周后，他恢复了正常，心情好转，没有时差。

时差反应的另一种形式：医院照明

在医院环境中，光线管理变得越来越重要，在医院中保持稳健的昼夜节律可以大大改善康复和治愈的状况。大多数医院的房间都被照亮，病人好像生活在连续的黄光之下。这在新生儿重症监护病房（NICU）中更为严重，没有发育良好的昼夜节律时钟的早产婴儿在几乎恒定的光线下待了几个星期。在一项尚未在其他医院进行重复实践的有趣研究中，在用毯子盖住新生儿重症监护病房的婴儿床几个小时以营造一种夜晚感后，这些非常脆弱的婴儿的健康状况大大改善了，他们从新生儿重症监护转为常规护理的速度要比那些在标准光下接受常规护理的婴儿更快。[10]

自己测量光

光是一个有趣的环境因素，它会在大脑中产生怪异的花样。在阳光明媚的晴天从室内走到室外时，你最初会因为光照感到眩晕。但是在几分钟之内，你就可以完全适应明亮的日光并行动。相反，当你走进黑暗的电影院时，很难找到自己的出路，但几分钟后你的大脑适应了黑暗，并且可以看到原来看不见的事物。因此，依靠眼睛和大脑评估房间的亮度来确定减少或增加光的亮度是不可靠的。

在昼夜节律研究中，我们通常使用类似手表的设备来测量我们的运动并计算步数和总睡眠时间。其中许多设备连续几天每 30 秒感应一次光。几年来，我一直戴着这种手表。当我在肯尼亚的马赛马拉国家保护区露营，观察自己的光照模式时，手表显示，尽管我将大部分时间都花在了室内、卡车、树下或帐篷里，但我每天还是花费了 8 个多小时来获得 2000 勒克斯或更多的光。几天后，当我在内罗毕的一个实验室里工作时，窗户尺寸很大，可以带来充足的光线，我仍然能在 2 至 3 个小时的明亮光线里获得超过 2000 勒克斯的光线，以及数个小时的 300 到 500 勒克斯的漫射日光。几天后，回到圣地亚哥的家中和办公室，我意外地感到平日的光线照射读数很糟糕，我几乎没有一个小时的亮光，大部分的亮光还是在我开车回家和工作之间获得的。

此后，在我的实验室中，我们使用相同的腕戴式设备观察了数百名生活在“阳光明媚的圣地亚哥”的人的光照情况。他们中的大多数人开车时或在室外喝咖啡、吃东西或散步时都会接收到光。这些手腕上的读数也具有误导性，因为即使光线直射到他们的手腕上，许多人仍戴着墨镜，这使到达他们眼睛的光线减少七到十五倍。

并非每个人都可以使用手表上的测光计（至少目前还没有，但是我们希望某些活动跟踪器或智能手表会尽快添加光传感器)。然而拥有一个将是有益的。有些人晚上会感到疲惫和困倦，但是当他们出门办事时（例如从街角商店买杂货、牛奶或啤酒，去药房或只是在购物中心逛逛)，几分钟后，他们再次机敏起来。这源于室内照明。杂货店、药房、加油站、食品市场或大型购物中心的平均光线至少为 500 勒克斯。一些商店甚至照亮了他们的货架，这种光水平地照在了眼睛上。这种光的强度比为了使大脑准备入睡而设计的灯光亮度要高数百倍。因此，晚上逛杂货店后，我们会感到亢奋。

几年前，在我实验室工作的一名高中生本・劳森（Ben Lawson）想出了如何在智能手机中使用相机测量光的方法。他的应用程序myLuxRecorder（现已免费提供）可在 iPhone 上使用，可以测量在任何地方获得的光线。这帮助我弄清楚了某些商店有多亮。你可以进行相同的实验，并调查自己夜间承受光照的情况，并尽可能地限制这种光照量。

关于太阳镜

太阳镜可以使到达眼睛的亮光减少七到十五倍。这意味着，如果车内日光约为 5000 勒克斯，则太阳镜可将曝光降低至 330 到 700 勒克斯之间。考虑到这种数学运算，以及我的主要日光来自我开车上下班途中，我在日常活动中不再戴着太阳镜。

你可能会认为来自太阳的紫外线会损害你的视网膜。但实际上，像我这样的大多在办公室内工作的人，每天几乎都不会暴露在直射的阳光下几分钟。实际上，我们的车窗和挡风玻璃，以及角膜和眼睛的晶状体会过滤掉很多紫外线，以免对眼睛造成伤害。

即使在加利福尼亚州，我只在旅行或在海滩上待上几个小时时才戴墨镜。在平常的日子里，当我花不到一个小时的时间开车时，我不戴它们，而是选择完全暴露在日光下，以帮助设定我的昼夜节律。当然，我从不直视太阳。

技术使我们步入正轨

跟踪我们的日常节律可以更清楚地评估我们的饮食、睡眠和活动方式，是在帮助我们还是阻碍我们内在的生物钟。但是要监视什么？消费级产品的技术可以监视许多参数，而某些医疗级设备也可能有用。例如，我们的心律、血压和体温都有节律，应该在傍晚开始下降，然后准备起床时开始上升。如果你可以定期了解这些模式，就能知道你与理想的生物钟节奏的紧密程度，然后实时进行任何必要的调整。夜间血压下降可以很好地衡量心脏健康。类似的，核心体温的每日节律是强健的昼夜节律的指标。即将在可穿戴技术的最新版本中找到的体表温度读取器，将反映出核心体温的节律，夜间应显示表面温度升高，白天则应显示小幅下降。

健康的另一个指标是血液检查，可以测量周围的毛细血管血氧饱和度（SpO_2）。当我们入睡时，我们的 SpO_2 水平应保持在 95%以上，但是一些患有严重睡眠呼吸暂停的人可能会看到数字下降到 95%以下。因此，使用家用溶解氧监测仪监测这些数字可以让你清楚地了解身体的氧气节律。

体温和排卵

我们的体温有可预测的 24 小时节律。育龄妇女的体温节律也与月经周期相吻合。阴道温度生物传感器可以连续五天每五分钟测量一次温度，并可以预测女性确切的排卵期。[11]这种对生育能力的了解可以帮助女性更准确地计划怀孕。

大众对使用可穿戴式传感器的数据来监测昼夜节律的兴趣日益浓厚，并且有许多科学论文评估了消费级可穿戴式传感器的实用性。[12,13]我们希望这项技术能很快用于测量我们自己的内部节奏，并跟踪改变睡眠时间、运动或饮食习惯将如何增强或减弱我们的节奏。

尽管可以从皮肤上测量上述节律而无需针头，但连续血糖监测系统（CGMS）需要将针头插入皮肤，并且以 1 或 5 分钟的间隔连续 7 到 14 天测量组织间血糖。这是目前为糖尿病患者采用的令人兴奋的技术。以色列魏兹曼科学研究所教授伊兰·埃利纳夫（Eran Elinav）已将这些葡萄糖监测仪用于数十名健康个体，指示他们每次进食时对食物进行拍照。然后，他能够确定每餐的葡萄糖反应，以及血糖水平恢复到基线所需的时间。[14]吃同样的食物，对于某些人会引起血糖急剧上升，而其他人吃则引起较浅的上升。这样的分析可用于确定某人夜间血糖升高是否较大。然后，人们可以弄清楚什么时候该吃最后一顿饭，以使血糖适度上升。或者，可能有助于人们确认富含蛋白质和脂肪的晚餐是否会产生较小的上升，从而对他们来说是更健康的选择。当你开始遵循限制性饮食（TRE）并担心你的葡萄糖水平在晚上会急剧下降时，这是一个理想的监测器，因为你可以在智能手机上跟踪数据。当前，这些设备尚未直接销售给美国的消费者。它们只能由主管医师开具处方。随着这些传感器的快速发展，许多传感器已从医学级转变为消费级，因此请与你的医生或当地药剂师谈谈购买可行性。

第三部分

优化昼夜节律健康

第9章　生理时钟、微生物群和消化问题

桑迪认为除了每天晚上睡前服用抗酸剂外，她的身体很健康。汤姆确信高筋饮食会导致他每天的胃痛和消化问题。丽莎知道她不能吃乳制品。艾比不知道为什么她会长期便秘。玛丽亚除非在睡前吃一碗冰激凌，否则她将无法整夜入睡。

这些消化问题非常普遍，以至于我们中的许多人都不认为它们属于健康问题，更不用说慢性病了。根据美国国立糖尿病、消化与肾脏疾病研究所（美国国立卫生研究院的一部分）确认，超过四分之三的美国人患有一种或多种慢性消化系统疾病，包括胃酸反流、腹泻、便秘、排气、腹胀和腹痛，并且大多数人将其归因于正常情况而未向医生报告。但是这些症状是不正常的，它们可能表明你的消化系统已经失控。你不必忍受这种不适，通过调整生活方式并更加注意自己的昼夜节律，你可以恢复健康。

我们曾经认为消化系统就像一个不断运转的锅炉，你可以在其中随时添加食物，并且它会被代谢产生能量。现在我们知道情况并非如此。饮食的几乎所有方面，从渴望食物或感觉饥饿到消化和消除，都取决于昼夜节律。此外，我们还知道在错误的时间吃错误的食物不仅会破坏消化系统的时钟，还会导致疾病和慢性疾病。

消化的节奏

消化过程分为几个阶段，每个阶段都有一个昼夜节律组成部分。第一阶段，头期，发生在口腔。就像巴甫洛夫的狗一样，当我们看到食物，思考食物，或者习惯于在某个时间进食时，我们的口腔开始分泌富含酶的唾液，使胃更容易完成其工作。当我们开始咀嚼时，口腔会分泌更多的唾液，而大脑则会指导胃释放消化酸。消化所需的酸有近三分之一在初期释放出来。即使是饭后的一点小吃譬如一块巧克力、一杯葡萄酒甚至一个苹果，都会触发胃酸的分泌，开始整个持续数小时的消化过程。这扰乱了生物钟程序。在晚上，当我们本该降温的时候，吃新的食物会使身体暖和，使人更难入睡。

唾液分泌是昼夜节律性的：白天分泌最多，是睡眠时的十倍。夜间唾液分泌减少有助于我们保持睡眠，尽管这也是我们醒来时口干的另一个原因。白天唾液分泌中和可能通过食道进入口腔的胃酸，但夜间唾液分泌减少，不足以完成这项任务。深夜进食会产生过量的胃酸，如果胃酸又回到食道进入口腔，就没有足够的唾液中和胃酸。因此，深夜进食会引发胃酸反流，导致食道发炎，如果不加控制，会对食道、胃和牙齿造成永久性损害。

一旦食物被适当地咀嚼和吞咽，它就会沿着食道进入胃，开始胃的消化阶段。胃部的酸性环境就像一个酿造的大桶，进一步将食物分解成微小的颗粒。胃酸由位于食道和胃交界处的括约肌储存在胃里。这种酸很强，甚至可以杀死沙拉或寿司等生食中的细菌。过量产酸，即使在一天中的适当时间分泌，也会导致酸倒流。减少产酸也是不好的，因为它会促进引起腹泻的危险细菌的生长。它还允许不完全消化的食物颗粒的产生，可能会引发肠道内免疫细胞的炎症。这被称为漏肠。

胃壁上覆盖着一层黏液状物质，以确保当食物颗粒通过时胃壁不会受损。这里面充满了像鹅卵石街道一样排列的细胞。当这些细胞中的任何一个受到损害时，胃壁就会受损，从而导致肠道内容物泄漏到体内。消化过程中的机械作用和化学作用都会破坏这些细胞，而这些细胞的内层在两餐之间得到修复。单个细胞如果损坏，可以移除并更换为新细胞。事实上，我们的肠壁受到的损伤很大，每天都有10%到14%的细胞被替换。这种修复和补充过程是昼夜节律的。每次我们睡觉时，大脑分泌的生长激素会作用于肠壁自我修复，指示肠壁检查受损细胞，并用新细胞替换漏出的斑块。因为每餐都会有一些黏液耗尽，这些细胞还会分泌大量的黏液来润滑肠道内壁。

胃酸的产生和分泌在我们每次进食时都会发生，这也有一个昼夜节律的组成部分。胃酸分泌通常在睡前的几个小时，大约是晚上八点到十点。[1]如果早晨产生的胃酸单位为1，到了晚上，胃酸就会达到5。然而，当你在白天进食时，你的胃酸分泌量可能会上升到50；晚上吃同样数量的食物，你的胃酸分泌量可能会增加到100。这意味着，如果我们在晚上吃一顿适度的食物，胃会产生比中午更大的酸性物质。这可能是肠道的一种防御机制，以确保如果细菌或病原体在夜间以某种方式进入胃，胃的酸性会在它进入下一个阶段即肠道阶段之前，将其破坏，而肠道阶段在夜间会减慢。因此，任何在夜间进入胃的食物都必须在高酸性环境中等待。深夜进餐后产生的过量酸会填满胃，当食物在夜间沿着消化道缓慢移动时，这种酸会慢慢爬上来，并可能到达口腔，引起胃酸反流。

我们的食物在胃中放置2至5个小时，具体取决于我们的饮食量。然后它从胃传递到肠道，在那里继续进行酶和化学消化。这标志着肠阶段的开始。肠道的功能不被设计用于处理胃部分泌的胃酸，胃酸存在于胃，所以一旦食物进入肠道，酸的分泌就会减少并被中和。

食物一旦进入肠道，就不会自行移动。相反，它被消化道周围的肌肉沿消化道挤压。这称为肠蠕动或肠收缩。肠道神经细胞发出的电信号触发肌肉膨胀和收缩。这会产生波浪状的运动，将食物推入管道。一旦食物被完全消化并吸收了营养，废物副产物就会到达结肠（肠道的最后一部分），并在整整 24 至 48 小时之后作为粪便排出体外。从肠到排泄的运动具有昼夜节律：白天运动更为活跃，而夜间运动非常缓慢。这就是为什么我们通常不会半夜醒来排便的原因。吃饱饭后立即躺下，使食物无法尽快移动至肠道，这也会导致胃酸反流。随着年龄的增长，这一点变得更加明显。就像我们的肌肉随着年龄的增长而变弱，当我们不能正确地使用它们时，我们的胃肌肉也会变弱。发生这种情况时，将食物向下推入胃部的电脉冲也会变弱，而当我们横躺时，如果没有重力的作用，食物将不会穿过肠道，而是会留在原地或非常缓慢地移动。

饭后最好不要养成躺下看电视或看其他屏幕的习惯，而是散步或做一些需要站立的琐事。用重力而不是反重力工作有助于防止反流。

肠真的会漏吗?

当肠子像旧的花园软管一样泄漏时，它会使内脏暴露于消化酶和细菌，立即引起威胁生命的败血性休克。这种情况需要立即就医。为简单起见，我将使用术语“肠漏”，就像许多其他医学专家一样，描述状态不佳、容易发炎并且可能漏出比一般细菌小的微粒的肠子。

更重要的是，会使你过敏的食物可能不必从肠道泄漏出去就可引起全身性炎症。如果这些过敏源与胃壁接触，则肠中有足够的免疫细胞被激活并开始发炎反应。这些来自肠道的免疫细胞可以通过血流传播到身体的其他部位。这些免疫细胞被激活后，就会“传播”有关有害食物的信息并传播炎症。这两种解释表明，食品可以直接引起健康问题。

并非所有的食物都能平等地被消化

人体对每种食物的大分子蛋白质、碳水化合物和膳食脂肪都有不同的消化方式。所有的营养素首先被吸收到胃里，胃壁会将它们释放到一种特殊的血液中，再从肠道输送到肝脏。从那里，营养物质进入其他器官。蛋白质被分解成氨基酸，这些氨基酸很容易被血液吸收，用作新细胞的组成部分。碳水化合物被分解成单糖。膳食脂肪是最难吸收的。它们需要肝脏产生并储存在胆囊中的胆汁将其转化为乳状液，然后在小肠和血液中吸收。胆汁的产生具有强烈的昼夜节律性。这种节律不仅保证足够的胆汁能吸收我们饮食中的脂肪，还能分解肝脏中的胆固醇。

葡萄糖、氨基酸和脂肪的吸收具有强烈的昼夜节律性。营养吸收不能一直发生，因为它需要大量的能量。肠道细胞吸收食物中的这些营养素和其他化学物质，有不同的通道或门，只允许某些类型的分子通过；这些门的打开和关闭是根据昼夜节律的。

在消化过程中，每种营养素也会激活不同的肠道激素。氨基酸（来自蛋白质）激活胃泌素激素，指导胃细胞释放酸。同样，脂肪激活肠中的胆囊收缩素（CCK）激素，进而从胆囊释放胆汁。肠道中产生的许多激素和化学物质刺激大脑，影响我们的情绪和认知。例如，肠道中产生的 CCK 和其他激素会影响我们是否感到沮丧、兴奋、焦虑或恐慌。

其他肠道激素会感觉到食物的存在，并向身体和大脑的其他部分发出信号，表明有新的能量来源。例如，当胃是空的时候，胃饥饿素（ghrelin）会向大脑发出饥饿感的信号。胃饥饿素本身有一个昼夜节律，以确保我们的饥饿感与胃部是空的一致。饭后，我们的胃饥饿素水平下降，使我们感到饱腹，从而停止进食。如果我们的胃饥饿素水平不同步，那么即使我们吃了一顿饱饭，我们仍然会感到饥饿。到那时，我们的胃会有太多的食物而消化液不足，这可能导致消化不良。睡眠会减少胃饥饿素的产生，所以我们醒来需要吃东西的机会就更少了。但当我们睡眠不足时，即使我们的胃还在消化最后一餐，我们的胃饥饿素水平也会上升，让我们觉得自己饿了。

这种反应可能是我们身体的准备机制，让我们的大脑确保我们有足够的能量来应对夜间的突发事件。我们的祖先不会半夜醒来接电话或查看短信/电子邮件。他们醒来是为了躲避捕食者或是扑火，这些活动都需要大量的体力活动。因此，有一个自然的应急程序，它让我们吃到深夜，以确保如果我们必须醒来和快速行动时我们有足够的能量。这可能是为什么短睡眠时间与高胃饥饿素水平相关，即最终导致肥胖的原因之一。[2,3]遵循有限制的饮食（TRE）可以改善睡眠，改善每日的饥饿感和饱腹感，这样就寝时你就不会感到饥饿了。

肠和脑轴：焦虑和昼夜节律紊乱

胆囊收缩素（CCK）有时会被部分分解为一种称为 CCK-4 的较小激素，这非常危险，尤其是当它进入血液并进入大脑时。当它到达大脑时，它可以打开大脑开关，并产生焦虑、惊恐发作和不必要的恐惧。这一过程是如此强大，以至于只需要将 1/20 毫克的 CCK-4 注射到血液中即可产生全面的惊恐发作。[4]

睡眠障碍会增加任何人的焦虑倾向，但其潜在机制尚不清楚。我们认为，睡眠不足的人或上床时间较晚的人更可能吃晚了，这会触发胆囊收缩素的产生。如果胆囊收缩素分解存在缺陷，并且 CCK-4 积聚在血液中，则可能解释为何睡眠不足者焦虑症的发生率在增加了。

证明肠道时钟的存在

如你所见，在肠道内部发生了许多相互关联的过程，因此很难在每一个部分重置时钟。这可能就是肠道时钟需要最长的时间才能适应新时区的原因。当你有时差或深夜熬夜时，你的食物可能需要更长的时间才能消化，你可能会胃酸反流，第二天早晨，你的排便可能不正常或便秘。

为了证明肠道功能的昼夜节律关系，墨西哥国立自治大学的教授卡罗莱娜·埃斯科瓦（Carolina Escobar）做了一个简单的实验。[5]她测量了可以自由获取食物的小鼠不同器官中的时钟。然后她改变了小鼠屋中的明暗时间表，就好像小鼠已经穿越六个时区一样。在接下来的几天中，她监控了小鼠身体各个部位的时钟如何改变其计时以适应新的明暗周期。她发现小鼠肠道时钟重置到新时区最慢。在第二个实验中，当她改变了明暗周期时，她还使小鼠只能在新的当地时间进食（不能自由获取食物）。在这种情况下，肠道的时钟花了更少的时间适应新的时区，并且小鼠不易受时差的困扰。这是我们知道的一种方法，即保持正常的饮食禁食周期可确保肠道的内部时间与你确定的饮食时间表同步。同样，克服时差的技巧之一就是确保在新时区的晚上睡觉，这样就可以抵制吃东西的诱惑直到次日清晨。在适合新时区的时间进食是重置肠道时钟的最佳方法。

肠胃功能影响整体健康

如果良好的营养是为我们的身体提供最佳能量的关键，那么肠道就是营养进入我们系统的途径。大多数肠道疾病损害了人体吸收所有营养、矿物质和维生素的核心功能。例如，当人们对在小麦、大麦和黑麦中发现的面筋蛋白过敏时，食用小麦产品会在肠道产生炎症反应。如果不及时治疗，可能会导致长期的消化问题。而且，当消化不良时，我们会感觉不适，这会影响我们的睡眠、生产力和运动能力。

更重要的是，如果肠道吸收任何特定营养或矿物质的功能受到损害，那么身体的其余部分都会遭受痛苦。当身体的其余部分无法获得所需的所有营养时，就会发展为疾病，例如蛋白质吸收率低引起的贫血或钙不足引起的骨折。

西蒙的焦虑始于他的肠胃

通过 myCircadianClock 应用程序以及遵循 TRE 生活方式的人的反馈，我们了解了进食模式与焦虑之间的潜在联系。例如，西蒙（Simon）超重且偶尔会发生惊恐发作，他的医生告诉他需要减掉 30 磅（约 13.6 公斤）。他特别担心的一件事是他的整体健康状况。他采用了 10 小时的 TRE，以查看自己是否可以减轻体重并增加肌肉质量。

即使在尝试 TRE 之前，西蒙的饮食习惯实际上已经很好了。他一直在跟踪自己的饮食，我们可以看到他饮食均衡，计算了卡路里并定期去健身房。因此，就他所吃的食物而言，实际上几乎没有改善的余地：他只需要专注于何时才能食用。当我们告诉他这个消息时，西蒙并不认为这是个好消息。他在吃正确的东西但体重仍在增加只会使他更加焦虑。

在经过几周的 10 小时 TRE 后，西蒙注意到他平时的焦虑和惊恐发作明显减少。他还注意到自己睡得更好。焦虑的这种普遍减轻实际上帮助他专注于自己的任务，包括坚持 10 小时 TRE 计划。

西蒙还报告说，他每周稳定减肥一至两磅。我不确定这是因为他睡眠的改善还是腰围的减少，或者这两者是如何影响彼此的，但是我们的研究确实表明，用于缓解一般性焦虑的直觉大脑信号已被激活。我们也知道，当你保持冷静时，你更有可能继续完成自己的任务。降低西蒙的焦虑感是使他专注于限制性饮食并减轻体重的重要一步。

肠道微生物群有昼夜节律性

消化道的每个部分都充满了微生物或细菌，每种细菌都需要不同的环境来生长和繁殖。有些细菌喜欢酸性的环境，有些则喜欢中性。有些喜欢以蛋白质为食，有些则以脂肪或糖为食；每个都保持自己的饮食禁食节奏。有一些微生物在禁食时会蓬勃发展，而另一些则在进食过程中蓬勃发展。因此，肠道微生物的组成在昼夜之间变化。换言之，我们晚上睡觉时胃中只有一组细菌，而当我们醒来时已换成另一组细菌，而在白天，另一组细菌又会出现。[6]每种细菌具有不同的功能，并消化不同类型的营养素。例如，许多食物成分不能被肠道酶分解而需要肠道微生物。食物中存在的膳食纤维和其他化学物质只能被肠内的肠道微生物消化。因此，保持肠道微生物的多样化混合被认为是肠道健康的关键。

维持肠道微生物多样化的一种方法是，饮食要有多种营养来源。研究人员发现，当小鼠在白天和黑夜中随机食用高脂肪 / 高碳水化合物饮食时，其肠道不会获得丰富的食物来支持所有必需的细菌。[7]当它们的肠道微生物分解并且只剩下少数几种细菌时，结果就是肥胖。我们相信人类也是如此：缺少一切必要的细菌，我们将无法充分消化食物，无法消化的则以脂肪的形式存储。

我们还知道，当我们睡眠不足或出现模拟时差或轮班的情况时，肠道微生物的组成会改变为支持肥胖的状态。[8]例如，当将有时差的人的粪便放入健康小鼠的肠道时，这些小鼠变得肥胖。但是，没有旅行或没有做轮班工作的健康人的粪便不会引起啮齿动物肥胖。这些观察结果引起了人们极大的兴趣，以了解轮班工作、时差反应和昼夜节律紊乱如何严重改变肠道微生物，使它们反而会促使身体肥胖。

你可能会认为，我们旅行时，机场食品没有提供最健康的选择，因此，糟糕的食物可能会促进坏细菌的繁殖，从而导致肥胖。如果这是真的，那么我们将永远不能摆脱不良食品和有害细菌急剧增长。但是，我们对小鼠进行了一个简单的实验：我们给它们提供高脂/高碳水化合物饮食，但使它们处于严格的禁食周期，这些小鼠仍然保持健康。[9]在限制性饮食模式下，当小鼠进食时，一组细菌会繁殖，而在禁食期间，另一组细菌会填满肠道。总体而言，在限制性饮食的作用下，好的肠细菌的混合物蓬勃发展，而几种促进肥胖或疾病的有害细菌种类被抑制了。这项研究非常令人鼓舞：如果这些发现对人类适用，那么获得不健康食物的轮班工人仍然可以保持肠道中微生物的健康，并且良好的限制性饮食周期可以预防肥胖症及与之相关的疾病。

我们发现，啮齿动物中的限制性饮食可以优化肠道微生物群，从而使肠道最有效地处理和吸收营养并排泄废物，促生更好的健康状况。限制性饮食下的肠道微生物群改变了纤维的分解和吸收方式，其中大部分糖没有被吸收，而在清除过程中却排出人体之外。限制性饮食还改变了肠道微生物群，将胆汁酸转化为其他形式，随着粪便排泄。由于胆汁酸是由胆固醇产生的，因此离开人体的胆汁酸越多，血液中的胆固醇就越少。

肠道微生物影响我们的食物情绪轴

我们吃的食物和肠道中的微生物共同产生多种激素和化学物质，这些激素和化学物质会影响我们的情绪，并可以确定我们是否感到镇定、焦虑、沮丧、躁狂或恐慌。适量的肠道细菌会将我们的一些食物转化为神经递质，使我们的大脑保持平衡并有效地工作，包括多巴胺、γ-氨基丁酸（GABA）、组织胺和乙酰胆碱。但是，肠道中的某些细菌会导致某些碳水化合物发酵，并产生称为短链脂肪酸（SCFA）的类脂肪分子，从而对我们的健康产生负面影响。短链脂肪酸可以进入大脑并影响大脑的发育和功能。[10]

肠道细菌还会影响某些药物的功效并产生起药物作用的化学物质。例如，许多抗生素可以改变我们肠道微生物的组成，而存活下来的微生物群可以将抗生素转化为影响脑功能的化学物质。这可以解释某些抗生素的副作用，例如焦虑、恐慌、抑郁、精神病，甚至谵妄。在婴儿和幼儿中，饮

食和药物的意外作用可能会有终身影响。例如，肠道微生物现在越来越被认为是自闭症的一个致病因素。[11,12]

选择能保护微生物的食物

食品防腐剂对肠道有非常有害的影响。你有没有注意到，你在自家厨房里煮的食物在冰箱里不能保鲜超过几天，而你在超市买的包装食品却会长时间不变质？食品中添加防腐剂是为了抑制破坏食物的细菌的生长。当这些防腐剂进入我们的肠道时，即使浓度很低，它们也会抑制肠道细菌的生长，影响肠道微生物的组成。

一些食品防腐剂，如羧甲基纤维素和聚山梨酯 80（一种乳化剂，用于使像冰激凌这样的食品更光滑、更容易处理，以及增加抗融化性），也具有类似洗涤剂的特性，通过稀释细菌细胞周围的保护涂层来抑制细菌生长。然而，我们的肠道黏膜有一层类似的涂层。食品防腐剂会腐蚀保护性的黏膜衬里，它将微生物与肠道细胞分隔开来。当这些不需要的微生物与肠道内壁的细胞接触时，会引起炎症，例如结肠炎。[13,14]时间限制性饮食（TRE）促进肠道内壁的修复，并可能抵消不良饮食的负面影响。

各种不同种类的食物，包括许多不同的新鲜水果和蔬菜，可以促进最健康的肠道微生物群。肠道中的好细菌以水果、蔬菜和复合碳水化合物中的膳食纤维为食。当我们没有摄入足够的纤维时，就像吃了含有大量防腐剂的食物：我们肠道中的微生物会因为没有其他东西可吃而在肠道黏膜层上进食。[15]

昼夜节律紊乱引起消化系统疾病

当食物在同一时间定时到达，消化系统中的所有生物钟过程都会协同工作，以有效地消化和排除，肠道也会保持健康。当食物在肠道没有预料到的时候到达，比如在半夜，食物可能无法正常消化，还会干扰肠道的正常修复过程，造成身体损伤。随着时间的推移，这种损伤会累积，并可能导致肠道疾病。

如果我们每天吃三顿饭，比如早上八点、下午一点和傍晚六点，我们的肠道就学会了对这些食物的预期，只有在我们开始进食之后，消化酶和酸性物质才会充满肠道。如果我们错过了一顿饭，不会有什么损失。但是，当我们在半夜吃东西的时候，肠道正在修复，肠道收缩力不强，会造成更大的损害。

深夜进食仅一天就可能会让你第二天早上感到胃部不适。如果持续几天，胃酸反流可能会增加，你的肠道可能没有足够的时间来修复肠壁上所有受损的细胞。

如果随意进食持续数周，胃酸反流和胃灼热（gastroesophageal reflux disease，或 GERD）可能成为你生活的一部分。消化不良、排便不规律或便秘，可能成为你日常的苦恼。正常的肠道细菌组成会发生变化，导致肠道渗漏。这会导致肠道局部炎症和全身炎症；这些症状包括全身疲劳、关节疼痛、皮疹、关节炎和食物过敏。当免疫系统对抗这场不必要的战斗时，它会在必须对抗真正的病原体时变弱。你可能更容易受本不用对付的细菌感染。这些疾病可能加重巴雷特食管症、食管炎（食道炎症）、蛀牙、消化性溃疡、炎症性肠病甚至结肠癌。

我们知道，昼夜节律紊乱是这些问题的核心，因为轮班工人易患肠道疾病。事实上，在对一万多名轮班工人的研究中，研究人员发现轮班工作使患胃溃疡和十二指肠溃疡的概率加倍。[16]而且由于我们都是轮班工人，发达国家近 10% 至 20% 的人每周至少会经历一次胃酸倒流，仅在美国，每年就有超过 6000 万张胃食管反流病（GERD）处方。

几个月持续服用抗酸药是一个坏主意

那么，发生胃食管反流病或胃酸倒流有什么大不了的呢？你拿出药丸，症状消失了，几乎就像在口臭时吃薄荷糖一样。其实并不是这样。盖洛普（Gallup）组织代表美国胃肠病协会进行的一项调查发现，每 1000 名成年人至少每周经历一次胃酸反流，其中 79％的人报告晚上会出现胃灼热。其中，有 75％的人报告说症状会影响他们的睡眠，有 63％的人认为胃灼热会对他们的睡眠能力产生负面影响，还有 40％的人认为夜间胃灼热会损害其第二天的工作能力。[17] 显然，胃食管反流病正在影响他们的昼夜节律。

但是，药物治疗于事无补。在 791 位夜间有胃灼热的受访者中，有 71％的人报告服用非处方药，但只有 29％的受访者认为这种方法非常有效。有 41％的人报告尝试使用处方药，接近一半的受访者（49％）认为这种方法非常有效。这意味着相当大比例的患者无法得到胃灼热药物的预期效果。那么为什么人们继续服用它们呢？

大多数抗酸药实质上会减慢胃酸的产生。但这只是暂时的解决方法，就像过量使用睡眠药物一样，抗酸药从未经过连续数月或数年的服用测试。属于该类别的药物称为质子泵抑制剂（PPIs）；胃中有更多的质子意味着更多的酸度，因此 PPI 本质上抑制了将更多的质子泵入胃。可以想象，这些药物会改变胃的 pH 值，并使胃酸度降低。但是身体会反击并试图制造更多的酸或更多的胃泌素激素，从而告诉胃部制造更多的酸。这可能导致剂量增加。一旦人们定期使用 PPI 数周或数月，肠道化学也会发生变化，使人变得依赖于 PPI（甚至上瘾）。

随着胃酸的减少，更多的细菌可以在胃中存活并进入小肠，其中一些可能是致病的。这就是 PPI 可能导致感染和腹泻的原因。对使用这些药物的 11000 例患者进行的六项不同研究的系统评价显示，沙门氏菌感染增加了三倍。[18]同样，对超过 14000 名使用 PPI 的中年人进行的第二项纵向研究发现，胃中细菌感染的平均数量增加了三倍。[19]有些参与者更容易受到伤害，他们的风险高达十倍。

PPI 还增加了肾脏疾病的风险。在涉及超过五十万例新西兰患者和二十万例美国患者的一项研究中，发现定期使用 PPI 可将急性肾脏疾病或肾脏急性炎症的概率增加三倍。[20,21] PPI 的不良影响甚至延伸到大脑。有一些研究表明，长期使用 PPI 的人患痴呆症的风险可能会增加。PPI 还用于预防许多其他疾病，包括应激性溃疡、消化性溃疡、胃肠道出血和幽门螺杆菌。[22]

持续使用这些药物还与骨密度的变化有关，从而引起骨质疏松和骨折。[23]已知这些疾病的药物会影响肠道功能，包括引起便秘。我们陷入了使用另一种药物来管理先前药物的不良副作用的恶性循环。

通过对我们的生活方式进行一些简单的更改，包括进食和上床时间，就可以停止或减缓这种恶性循环。时间限制性饮食、运动和睡眠的结合将促进最佳消化，降低肠道渗透性，并改善整体肠道健康。改善肠道健康可能有助于你减少针对这些肠道疾病的用药量。减少用药可能会减少副作用，进一步使你受益。

我们发现，大多数时间限制性饮食遵循者说，一旦确定并遵循饮食计划，他们的胃食管反流病就会减少。这是一个普遍的好处，有些人甚至没有关注到它，而是专注于时间限制性饮食（TRE）对其他严重健康问题带来的好处。但是，我们越强调诸如胃食管反流病之类的消化问题，我们就会越多地意识到它不是生活的正常部分，也不是我们必须学着共存的部分。

饮食模式和肠易激综合症

肠易激综合症（IBS）是一种胃肠道疾病。肠易激综合症的症状和体征包括：

- 腹痛
- 排便习惯改变（或多或少）

- 腹胀
- 抽筋
- 产生气体

我们最近注意到，标准饮食的小鼠即使到处乱吃零食，它们的排便仍保持高度周期性。当同一只小鼠喂食高度加工的食物并一直进食时，它们会一直排便，就像它们患有肠易激综合症一样。但是将饮食控制在几个小时内，完全可以控制它们的频繁排便，并恢复每天的排便周期。这给肠易激综合症患者带来了一些希望，希望他们可以从限制性饮食中受益。

肠易激综合症在青少年和年轻人中迅速上升。尽管尚未对导致青年人肠易激综合症发病率增加的因素进行过多研究，但有一个假设是，睡眠和昼夜节律紊乱始于中学和高中、当学生开始熬夜直至深夜时，晚上吃零食，睡得更少。青少年的昼夜节律紊乱可能是肠易激综合症发生率增加的诱因。

一些遵循时间限制性饮食的人报告说，仅仅几个星期后，他们的肠易激综合症症状确实有所改善。例如，帕蒂（Patty）快四十岁了，患肠易激综合症已有七年，每天至少要去洗手间六次。她开始了 8 小时的限制性饮食，第一顿饭是在上午十点，最后一顿饭是在下午六点。两周后，她给我们发送了电子邮件，报告说她的肠易激综合症症状有所改善，而她曾经使用任何药物都无法缓解这种症状。

我希望每个尝试时间限制性饮食至少 12 周的消化不良患者都将拥有与帕蒂相同的经验。它继续使我感到惊奇，只要做出一点小改变，采用符合我们的身体运作方式的新饮食模式，就可以快速带来更好的健康。

第10章　昼夜节律密码和代谢综合症：肥胖、糖尿病与心脏病

亲爱的潘达博士，

我写信是想告诉你，我已经进行了三个月的8小时限制性饮食测试。截至8月1日，我总共减掉了40磅（约18公斤）。我已经非常了解我的身体以及它为了运作和发展真正需要的。我的下一个目标是再减去10磅（约4.5公斤）。

我从300磅（约136公斤）重开始到现在体重变成260磅（约118公斤），我的生活完全改变了，我感到自己可以控制自己的身体，我与食物的关系永远地改变了。第一周我减掉了10磅，然后几乎停滞了两至三周。我发现，如果我在当天早些时候少吃油腻或难消化的食物，那么在第二天进食之前，我会燃烧更多的脂肪。我相信这就是很多人一直在寻找的答案。我有大约二十个与我一起减肥的朋友，都取得了巨大的成功。昨天我和一位卡车司机谈话，他说他基本上已经放弃了，不认为有可能甩掉400磅（约181公斤）的体重。我解释了饮食的原理，并给了他希望。

最重要的是，限制性饮食有效。我是它的坚定拥护者，并将继续尽我所能帮助尽可能多的人控制他们的生活，不再让他们成为自己不良饮食习惯的受害者。

韦斯顿·巴恩斯

代谢是人体内发生的化学反应，它利用我们所吃的营养物质来产生能量，使人体得以修复和生产细胞，并消除废物。当我们身体的新陈代谢出现问题时，它会阻止脂肪、糖和胆固醇的消化，从而使体重增加。这些增加的体重以代谢性疾病的形式影响我们的健康：肥胖、糖尿病和心脏病。这三种症状可以一起发生或分开发生，但是当出现一种症状时，另一种症状就会慢慢出现。随着这些疾病及其症状的累积，它们会影响身体其他部位的正常功能。这被称为代谢综合症。

你的医生使用简单的标准来测试你是否正在走向代谢综合症。国家胆固醇教育计划（NCEP）成人高胆固醇检测、评估和治疗专家小组的第三次报告（成人治疗小组Ⅲ）将代谢综合症定义为以下五个特征，只要出现其中的三个，就得小心了：

- 腹部肥胖
- 高血压
- 甘油三酸酯（血液中的一种脂肪）检测异常
- 高密度脂蛋白胆固醇（HDL-C）水平
- 空腹高血糖（糖尿病的检测指标）

代谢综合症可能致命，但也完全可以预防和逆转。减轻体重，锻炼身体并适应更健康的昼夜节律是预防和逆转这种疾病的关键。关键是要减少体内脂肪，尤其是腹部脂肪。腹部脂肪会产生有害的促炎分子和其他化学物质，从而导致动脉粥样硬化和癌症、血糖升高和胰岛素抵抗，并导致炎症。通过遵循限制性饮食计划并将它与积极的运动相结合，你极有可能减去几英寸腰围并逆转健康。

昼夜节律的破坏可能导致肥胖

我们一吃东西，胰腺就会释放胰岛素，这对新陈代谢起着两个重要作用：它有助于从血液中吸收糖分到肝脏、肌肉、脂肪和其他组织中，并发出信号通知这些器官将某些糖分转化成体内脂肪。每次进食后，此过程最多持续两至三个小时。因此，当我们继续吃零食时，我们的身体仍处于增脂状态。在一天的前半部分，胰腺会产生比较多的胰岛素，而在晚上它会减慢速度。深夜进食后，身体将长时间处于脂肪制造状态。只有禁食 6 至 7 个小时后，我们的身体才会开始燃烧一些脂肪。这是时间限制性饮食（TRE）至关重要的方面：停止给你身体的发动机供油，并促使其燃烧现有的脂肪。这是预防或逆转体重增加以及最终肥胖的唯一方法。

肥胖通常被描述为相对于身高的过多体重。肥胖的传统定义和使用最广泛的定义与体重指数（BMI）有关。美国医学会将肥胖定义为体重指数为 30 或更高。肥胖不仅仅是超重。它会影响你的健康。它使你罹患脂肪肝、糖尿病、高血压、心脏病和慢性肾脏病的风险更大。这些疾病与你储存多余脂肪的位置有关。

多余的能量超出了糖原的储存能力，被转化为脂肪，储存在我们的脂肪组织或脂肪细胞中。当脂肪细胞达到其最大容量时，我们的身体倾向于将脂肪储存在并非旨在储存脂肪的细胞或器官中。这损害了诸如肝脏、肌肉和胰腺的器官的功能。当细胞中有过多的脂肪时，细胞将没有更多空间执行其正常的产生能量的任务。该因素与从脂肪肝到糖尿病、心脏病、高血压甚至癌症等一系列疾病有关。[1]

当我们携带过多的体内脂肪时，内质网（ER）的空间也将减少。内质网是细胞内连接至细胞膜然后连接至细胞外部的管道系统。在每天的修复周期中，细胞总是通过此管分泌一些东西。但是，当内质网受到压力时，细胞的整体修复过程就会受到阻碍。一些体内脂肪也被转化为引起炎症的脂肪类型，并释放到血液中。这些发炎的脂肪会导致全身发炎。

破坏昼夜节律是肥胖的主要原因。首先，睡眠不足会混淆调节饥饿的大脑激素。大脑无法预测一个人要保持清醒的时间，并且由于保持清醒比睡觉需要更多的能量，因此大脑会增加饥饿激素的产生。结果，人们吃的总是多于使自己在几个小时内保持清醒的食物。睡眠不足会使大脑混乱，使我们选择不健康的食物。过度劳累时，我们会渴望高能量的食物，而暴饮暴食最终会导致肥胖。睡眠不足也使我们昏昏欲睡，缺乏活力，这进一步导致过多的能量存储。

每次进食时，胰腺都会产生胰岛素，以帮助肝脏和肌肉吸收血糖。同时，胰岛素促进了由糖产生脂肪的生化途径。当我们长时间分散卡路里摄入量时，胰岛素分泌活跃，这告诉我们的器官要不断制造体内脂肪。在我们身体不太活跃的晚上或晚些时候进餐，会进一步减少能量消耗和存储更多的脂肪。最后，增加我们的进食时间，永远不会帮助燃烧掉体内储存的脂肪，因为人体一直在消化新的食物来获取能量。

时间限制性饮食（TRE）创造了新的饮食模式

改善健康的古老格言是少食多餐。[2]甚至我自己的私人教练也建议在睡前每 2 至 4 小时进食一次。该饮食方案是对两个极端人群设计的。医师认为，患有糖尿病的人应该少食多餐，以减少每顿饭后通过动脉涌入的糖的泛滥，从而使胰腺中产生的少量胰岛素可以应对血糖的急升。另一个人群是正在接受健美比赛或铁人三项训练的运动员。他们认为，经常进餐是保持人体合成代谢、增强肌肉的良好策略，以便他们可以增加肌肉。实际上，以这种方式进食的结果是多种多样的，并且不建议任何人终生养成这种习惯，无论他们的运动量如何。

一般人不属于这两个极端。糖尿病患者需要少食多餐以防止血糖水平升高，但对于普通人来说，即使不断进食，即使少餐，也很难减低卡路里的摄入。另外，即使对于患有糖尿病的患者，建议少食也不意味着他们应在 16 到 18 个小时的整个醒着时间内持续进食。时间限制性饮食（TRE）

是一种更好的饮食方法，因为你正在训练自己的身体以适应自然的昼夜节律，而不是人为地安排日程。在过去的四十年中，这种小餐饮食方案引入了“健康零食”的概念。根据1971至1974年、2009至2010年的国家健康和营养调查（NHANES）数据，零食的消费量占总卡路里的比例已从十分之一增加到四分之一。[3]随着更多的零食食用，总卡路里摄入也增加了。

当我们从myCircadianClock应用程序查看饮食模式时，我们发现即使在健康的非轮班工作的成年人中，也不再观察到传统的早餐—午餐—晚餐模式。实际上，进食的次数从每天4.2次到每天10.5次不等。这项研究清楚地表明，美国有50%的成年人吃饭时间超过15小时或更长。[4]这种饮食模式可能不是美国独有的，因为在对印度成年人的研究中也发现了类似的饮食模式。[5]

破解你的密码：获得关于夜间进食综合症的帮助

如果你无法控制餐后饮食，或者在半夜醒来吃东西，则可能患有一种罕见的疾病，即夜间进食综合症（NES）。[6]通常认为，夜间进食综合症可能是由沮丧、焦虑、压力或尝试减肥引起的。由于夜间食用的食物通常由高升糖指数的碳水化合物制成，因此患有夜间进食综合症的人可能会体重超标。[7]

在与中国苏州大学的徐璎教授的合作中，我们研究了患有夜间进食综合症的小鼠，我们相信夜间进食综合症的产生可能存在遗传成分。一些小鼠的1期基因有突变，可能导致类似夜食的行为。这些小鼠从下午就开始进食，并且比正常时间进食的小鼠增加更多体重。但是，当这些突变小鼠只允许在晚上进食（这是应该进食的时间）时，它们的体重增加会减慢。[8]这是一项了不起的研究，因为它表明如果遗传突变会使小鼠超重，那么施行限制性饮食可以抵消遗传条件的不良影响并使小鼠保持苗条。

我们尚未在人类中发现这种1期突变。但在未来几年，我们可以更多地了解我们自身的基因突变和饮食模式。在此之前，应对夜间进食综合症的一种策略是意识到这一点，并采用限制性饮食，这将有助于消除深夜进食的冲动。如果无法断开在深夜吃东西的冲动，可以尝试较晚限制性饮食，在这种情况下，你可以在午餐时间开始吃第一顿饭，这样一天的最后一顿饭就在午夜左右消耗掉。这可能不是控制夜间进食综合症的最佳方法，但可能会减轻体重增加的总体影响。

亚历山大·哈德的夜食综合症

亚历山大（Alexander）与我们的实验室联系时身高 5 英尺 9 英寸（约 175 厘米），体重 265 磅（约 120 公斤）。自 2013 年以来，他的体重增加了 80 多磅（约 36 公斤）。在与我们联系并尝试时间限制性饮食之前，他已经晚上进食二十多年了。他告诉我们他在睡觉时进食，并且第二天早上他不记得吃了什么。最初，他认为这是因为他白天会拒绝摄入碳水化合物。他一直遵循“健美”生活方式超过十五年，饮食中蛋白质含量很高。但是他年纪越大，控制饮食就越困难，夜间暴食就开始了。

亚历山大去找过医生、营养师和精神病医生，但都没有用，他晚上不能停止进食。他尝试使用佐匹克隆（zopiclone）来治疗失眠，但没有帮助。他甚至进行了一项睡眠研究，确定他患有睡眠呼吸暂停，之后，他使用 CPAP 机器帮助自己在晚上更规律地呼吸。我们与亚历山大合作，建议他尝试时间限制性饮食，但我们告诉他，他可以选择自己吃的时间。现在，他在早上七点至八点之间醒来。他整天只喝黑咖啡和水。当他下午六点下班回家时，他吃了第一顿饭，这是蛋白质和脂肪还有很多沙拉和蔬菜的健康混合物。他在晚上十点或晚上十一点上床睡觉。并且故意在睡觉前吃饭。他的大部分卡路里在下午六点和午夜之间被消耗。尽管这样的深夜饮食并不理想，但考虑到他的强迫性夜间饮食综合症，这是他能做的最好的时间限制性饮食。经过一个月的时间限制性饮食实践并尝试降低压力水平后，亚历山大报告说，这种组合已经被证明非常有效，因此将它称为“改变生活的东西”。他告诉我们，他的注意力恢复了，他瘦了 10 磅（约 4.5 公斤）。尽管他白天根本不吃东西，但他仍然精力充沛。

昼夜节律差与Ⅱ型糖尿病有关

当胰腺不能产生足够的胰岛素时，或者当人体细胞不再对胰岛素产生反应并从血液中吸收葡萄糖时，就会发生糖尿病。它会随着含糖食品的摄入量增加、运动量减少或肥胖发展。但是，现在有越来越多的数据表明，昼夜节律紊乱可能导致糖尿病。例如，一周的睡眠不足会导致某些人的血糖升高至糖尿病前水平。

随着糖尿病改变血液的基本特性，这种疾病的并发症会影响整个身体和大脑。慢性糖尿病可发展为心血管疾病、足溃疡、眼睛损伤和慢性肾脏疾病。

在一天中不同时间吃同一餐的血糖反应

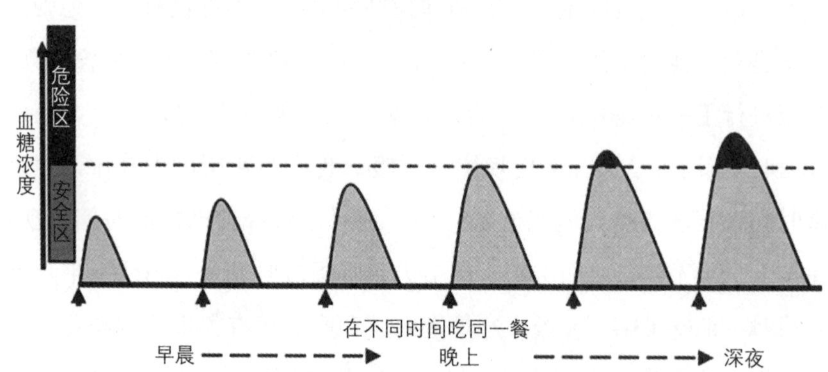

早上，血糖水平保持在安全范围内。随着时间的推移，同一顿饭会使你的血糖水平升高，并在较长时间内保持高水平。

至少有两个不同的生物钟负责控制我们的葡萄糖调节机制，以维持每日的节律。第一个生物钟是在胰腺中，它可以设定胰岛素的释放，以减慢夜间的释放量（drip）。第二个生物钟在我们的大脑中，它在夜间产生更高水平的褪黑激素，其作用于胰腺以进一步抑制夜间的胰岛素释放。[9]因此，如果我们继续在深夜吃东西，而胰腺在休息状态，那么胰岛素释放不足，就会指示肝脏和肌肉将额外的葡萄糖带入其细胞内。这会使血糖水平危险地升高，造成进一步的损害。

昼夜节律失调引起心脏疾病

心脏病是由血流阻塞引起的。绝大多数心脏病是由于脂肪沉积在动脉壁上所致。当流向心脏的血液受到阻碍时，会引起胸痛（心绞痛）或心脏病发作（由于血液流向心脏的一部分被阻塞，又称冠心病）。当血液流向大脑被阻塞时，被称为中风或脑血管疾病；当血液流向腿等周围器官受阻塞时，被称为周围动脉疾病。另一种心脏病会导致心脏跳动不规律，称为心律不齐或房颤（也称为 AFib 或 AF）。AFib 是颤动的或不规则的心跳（心律不齐），可导致血液凝块、中风、心力衰竭和其他与心脏相关的并发症。

心脏病的两个主要原因是血脂异常和高血压。肥胖会导致血液中过多的脂肪，从而引起炎症。随着动脉变窄，富氧血液流向身体和大脑各个部位的流量减少。高血压使该病恶化。高血压可以移动胆固醇斑块，胆固醇斑块可以流到狭窄的动脉并阻塞动脉，切断大脑（造成中风）或心脏（造成心脏病）的血液供应。

昼夜节律的紊乱会影响脂肪和胆固醇的代谢，导致脂肪储存增加、胆固醇斑块增加以及发炎的风险增加。肾功能的昼夜节律会产生血压的每日节律，而夜间血压会降低，这有助于降低患心脏病的风险。昼夜节律紊乱可能使血压昼夜保持升高，可能增加中风或心脏病发作的风险。

时间限制性饮食拯救身体！

时间限制性饮食对控制代谢性疾病有很多好处，它有助于减轻体重，改善血糖控制并保持心脏健康。有了所有这三个好处，你就可以看到疾病的真正逆转。运作方式如下：

最明显的是，时间限制性饮食减少了你进食的机会。仅通过合并进餐时间（最初间隔 12 小时），你自然就可以减少热量摄入。正如我们在第 5 章中讨论的那样，很多非常糟糕的食物选择是人们在晚餐后做出的，特别是选择高脂或高糖零食和酒精饮料。如果你采用的进食窗口中你的最后一餐发生在下午六点或七点，那么你很有可能会减少酒精以及所有与酒精一起食用的食物。当这些零食被拒绝后，你将自动为更好的、更符合昼夜节律的消化过程调整身体，并最终改善睡眠。睡眠越好，饥饿激素的产生就越准确，从而进一步减少了对食物的渴望。而且，如果你休息充分后醒来，就更有可能运动，而运动时，大脑会收到减轻饥饿感的信号。

时间限制性饮食积极影响你做出正确选择食物的能力，最终导致选择营养丰富的食物而不是卡路里密集的食物。从早餐开始，如果你保持 12 小时之内的时间限制性饮食，你可能会发现有营养的食物味道更好。你可能认为这是由于你的饥饿造成的，部分原因是这样。但是，你的味蕾和嗅觉现在变得更加敏锐，这意味着它们已经被高度激活。这对食物的选择产生了有趣的影响。经过时间限制性饮食几个星期后，慢慢地，许多人报告说，他们发现高热量的食物加了很多糖，而且不自然的味道尝起来太平淡或是太甜，自己不再被高热量食物吸引。因此，他们不想吃以前渴望的甜食。这种神奇的变化会自动为你提供更好、更健康的选择。

一旦你的身体有更长的时间通过禁食或运动来利用储存的糖原，那么你的肌肉和肝细胞就会消耗掉大部分的糖原，并为第二天储存糖原提供足够的空间。长时间禁食后，当你下次进餐时，一些过量的碳水化合物将首先以糖原的形式存储，将其存储为脂肪的压力较小。

明确定义饮食时间也可以恢复荷尔蒙的产生，并使之恢复自然平衡。饥饿激素、胰高血糖素对肝脏的作用，被认为仅限于糖原储存被耗尽时的几个小时。我们禁食时，这种激素会指导肝脏从氨基酸中提取葡萄糖。但是，如果你患有肥胖症和/或糖尿病，则此程序在每时每刻进行，因此即使吃完饭后，肝脏仍会继续从氨基酸中提取糖分，这会导致血糖升高，只剩较少的氨基酸来构建肌肉蛋白。在限制性饮食的作用下，胰高血糖素功能可以恢复正常，因此肝脏将自身的葡萄糖生成减少一半，并保留了用于维持健康肌肉的蛋白质。这可能有助于降低血糖。

限制性饮食不仅可以减轻储存更多脂肪的压力，还可以恢复身体燃烧脂肪的节奏。你的肝脏和肌肉细胞需要在晚上禁食几个小时才能开启脂肪燃烧机制。如果节律出现问题，时间限制性饮食可以帮助重新开启。虽然健康的脂肪细胞可以将其体积的 90%以上用于存储脂肪，但一个肝细胞以 20% 容量存储脂肪就是病态的。因此，即使肝细胞中脂肪的少量减少，对于改善肝功能也具有巨大的有益影响。在限制性饮食的前几周，由于储存在肝脏和肌肉中的脂肪消耗尽了，它为糖原的更多储存提供了空间。随着你所有细胞内部空间的增加，细胞变得更健康。

我们发现胆固醇和脂肪之间还有另一个有趣的联系。时间限制性饮食（TRE）增加了一种可分解肝脏胆固醇的酶的水平。胆固醇通常分解为胆汁酸。TRE 小鼠的血胆固醇降至正常水平，胆汁酸略有增加。胆汁酸的少量增加被认为是有益的，因为它会触发脂肪细胞中的脂肪燃烧程序。[10]

我们还知道全身性炎症可通过时间限制性饮食消退。[11]全身性炎症是许多代谢性疾病的根源：糖尿病、脂肪肝、动脉粥样硬化等。体重减轻导致炎症性脂肪减少，而炎症性脂肪通常会激活免疫细胞从而引起炎症。炎症的减少、关节疼痛和酸痛减轻，更容易增加身体活动。

总体而言，时间限制性饮食减少了制造和储存多余脂肪的动力，改善了脂肪燃烧，使胆固醇水平正常化，并减少了炎症。更少的脂肪、更少的胆固醇和更少的炎症意味着更少的动脉粥样硬化或动脉阻塞的机会。[12]

在遵循限制性饮食（TRE）几周后，自主神经系统的昼夜节律也恢复了。该系统控制许多功能，包括血压调节。我的同事朱莉・韦・沙茨（Julie Wei-Shatzel）的患者经历了显著的血压下降（与开始使用药物时所见的情况一样），只须遵循 10 小时的限制性饮食。一些血压非常高且正在服药的患者也尝试过限制性饮食，他们发现在血压正常化方面甚至有更多改善。在另一项由加利福尼亚大学圣地亚哥分校心脏病专家帕姆・陶布（Pam Taub）领导的独立临床研究中，超重的心脏病高危患者进行 10 小时的限制性饮食后，他们见到了显著的减肥成果并且减少了脂肪量。

时间限制性饮食（TRE）使代谢综合症药物更有效

大多数用于代谢性疾病的药物旨在寻找关键的代谢调节剂并对其起作用。例如，抗击糖尿病最广泛使用的药物是二甲双胍，其通过激活一种称为 AMP 激活的蛋白激酶（AMPK）的蛋白来起作用，该蛋白可触发对葡萄糖和脂肪代谢的更好控制。有趣的是，限制性饮食通过在禁食期增加脂肪燃烧来模仿二甲双胍的作用。

许多降低胆固醇的药物，称为他汀类药物，作用于介导制造胆固醇的第一步的酶。同一控制点也受生理时钟调节。在限制性饮食下，这种酶的节律得到改善；它会自然关闭半天，基本上模仿他汀类药物的工作原理。他汀类药物具有不良的副作用，包括肌肉无力和肌肉疼痛。Edie 是一位接受他汀类药物治疗多年的患者，一直有肌肉疼痛问题，在接受 10 小时限制性饮食后，几乎完全摆脱了肌肉疼痛，而且服药时间也变得更有弹性。

最重要的是，时间限制性饮食不仅与减肥有关，也是解决实际健康问题的一种方法。减肥也确实是逆转疾病的最佳方法之一。如果肥胖、心脏病或糖尿病在你的家庭中流传，而你在限制性饮食上取得了成功，那就传播这份爱吧！任何年龄的人都可以通过与其昼夜节律保持同步生活而受益。

心脏手术的安排？请注意你的节律

一天中不同的时间，对于从服用药物到手术的各种医疗的成效如何，至关重要。在一项对 596 位分别在早晨或下午进行主动脉瓣置换术的患者的研究中，在术后 500 天内，下午手术组的患者的严重心脏事件的发生率比早上组低。[13]一天中基因表达的昼夜节律差异可能使一个人的心脏在下午比早晨更快地恢复健康。手术恢复的最初几小时强烈地决定了手术预后结果和长期恢复，这就是为什么你希望自己的治疗与昼夜节律一致。

第 11 章　增强免疫系统和治疗癌症

就像装备精良的防御系统使用不同的方法和武器来应对不同的情况一样，我们的免疫系统是一个高度复杂的武器库，可以不断地对我们的身体进行调查，寻找诸如病毒、过敏原和污染物等外来因素，包括组织损伤。如果出现问题，它将以适当的数量部署正确类型的分子，以修复损坏或抵消攻击。一旦消除了威胁，免疫系统就会从战斗或部署模式撤退，回到监视任务。

疾病、感染和过敏反应通常发生在免疫系统太弱或攻击性太强，开始时错误地发起攻击或在威胁被消除后很长一段时间内继续部署时。当免疫系统无效时，它会引发一系列反应，最终导致全身或慢性炎症。

免疫系统欠佳的疾病和症状涵盖了广泛的范围，从痤疮、疼痛和关节痛到流感、哮喘、肝病、心血管疾病、结肠炎、鼻炎，以及多种硬化症。随着时间的流逝，慢性炎症会损害我们细胞的 DNA，最终导致癌症。例如，患有溃疡性结肠炎和克罗恩氏病的人患结肠癌的风险增加。[1]

但是，就像主要器官一样，免疫系统也具有昼夜节律成分，使其同步可以调节它的反应。此外，破坏你的昼夜节律密码会影响你的免疫系统，使你更容易生病或感染，并且更难以快速恢复。例如，伤口愈合具有很强的昼夜节律成分。出血和凝结时间都必须达到完美的平衡，你不想凝结得太快。血块就像泄漏处的水泥块。结合结构是由肝脏产生的蛋白质组成的，我们知道它是昼夜节律的。如果我们在血块形成之前流血了太长时间，我们可能会被感染。

已被证明轮班工作者的免疫系统很脆弱。与非轮班工人相比，轮班工人发生肠道炎性疾病（结肠炎）的概率更高，发生细菌感染、多种类型的癌症以及许多其他与免疫系统相关的慢性病的风险更高，包括心血管疾病和关节炎。如果我们都是轮班工人，那么这些疾病可能就在我们身边。在本章中，你将确切地了解昼夜节律对你的免疫系统的影响，以及如何使该疗法更好地适应药物、手术治疗，从而达到最佳健康状态。

昼夜节律控制细胞的免疫反应

我们的血液中有许多不同类型的免疫细胞，它们具有不同的用途。每种类型的细胞都是独特的免疫系统的一部分。有的消灭细菌，有的修复伤口，还有一些识别并记住哪些外来入侵者已经侵入我们的身体，以便下次可以发送适当的响应。我们的身体需要所有这些成分的最佳组合。时钟基因在决定我们的身体应产生多少种免疫细胞中起着重要作用。当我们的时钟系统崩溃时，它会导致免疫系统出现细胞失衡，从而以一种防御为代价消耗另一种防御反应。例如，一个免疫力失衡的系统善于消灭细菌，但对伤口的修复却不那么出色，将使你在伤口处抵抗新的感染而变得筋疲力尽。或者，免疫系统无法记住其所面对的最后外来因子，它可能会对新疫苗不产生反应。

昼夜节律时钟还调节每个细胞内部的基本防御机制，无论该细胞是否为免疫系统的一部分。好像每个细胞内都有一个免疫系统可以抵消威胁。细胞内最常见的威胁是氧化应激（oxidative stress），氧化应激是其他氧气分子进入细胞的直接结果，这些分子产生危险的自由基，即电子不稳定的氧分子，必须从它们能找到的任何来源清除电子才能成为稳定的分子。电子源可以包括细胞 DNA、细胞膜、重要的酶以及重要的结构或功能蛋白。

当这些重要的细胞部分和物质失去电子并与自由基结合时，其功能就会改变。

氧化应激已被证明是许多疾病的重要因素，因为它会导致慢性和全身性炎症。实际上，似乎大多数慢性疾病状态的潜在生物学机制之一就是氧化应激，包括癌症、心脏病、痴呆、关节炎、肌肉损伤、感染和加速衰老。昼夜节律时钟的主要作用之一是控制氧化应激。进食后，当我们体内的每个细胞都利用营养来产生能量时，细胞就会产生活性氧。时钟充当细胞内部这种氧化状态的传感器，并协调抗氧化防御机制以清除损伤。由于过去数百万年的白天饮食习惯可预测，因此时钟的这种功能对于细胞健康至关重要。科学家认为，昼夜之间这种可预测的氧化应激的上升和下降可能是昼夜节律时钟演变的主要诱因之一。[2]

另一细胞活动是自噬，即细胞碎片的受控消化，这有助于减少氧化应激的某些损害。假设你居住在一个不提供收垃圾服务的偏远小镇，很难进入垃圾场，因此你尝试尽可能地回收利用，重复使用物品而不是扔掉它们。当细胞的内部免疫系统找到它们并将其放入垃圾处理系统［称为溶酶体（lysosome）］时，细胞会通过自噬回收其零散的碎片。溶酶体含有能消化细胞垃圾的酸。一旦细胞垃圾被分解，内部的原材料就可以再次用于构建新的细胞部件。自噬在上一顿饭后的几个小时（空腹几个小时后，在一天的第一口之前）最活跃，然后在进食时放慢速度。众所周知，限时进食会在禁食期间增加自噬数小时。[3]

线粒体是在每个细胞内发现的微小细胞器，但在肌肉细胞中更多。它们是我们所有能量产生的主要场所。有缺陷、受损或受压的线粒体会产生活性氧，自噬可清除受损的线粒体和细胞内部的其他附带损害。健康的昼夜节律可改善线粒体功能、线粒体修复和自噬，进而改善整体细胞健康。

有时，自噬和类似的清洁机制可能不足以抵消细胞损伤或压力。在这种情况下，将触发另一层更强大的防御。这种防御系统可使任何细胞像免疫细胞一样自我防御。它使细胞产生可以抵抗感染的化学物质，或邀请组织内的免疫细胞来营救。想象一下每个细胞内的这种免疫反应，就像家里的火灾报警器一样。拥有它是件好事，但是如果你的火警警报持续不断（慢性发炎），那会很烦人。此外，当此蜂窝警报系统打开时，即使是在实际威胁中，它也可以使注意力从细胞其他功能上转移。这就是为什么这种防御系统的长期激活会损害人体的一般功能，例如新陈代谢、损伤修复等。[4]我们发现，当我们破坏小鼠的生物钟密码时，每个细胞的行为就好像受到攻击一样。[5]

免疫系统的昼夜节律反应

每个免疫系统的不同任务，如监视、攻击、修复和清理，会在一天的不同时间进行。这似乎违反直觉，因为你可能认为所有免疫反应都应在检测到威胁时同时发生。然而，错开操作存有非常重要的救生目的。当免疫系统的多个分支同时被激活时，它可能使我们的身体不知所措，并导致无法恢复的休克状态。这称为败血性休克（septic shock）。通过在不同时间完成这些琐事，身体可以更轻松地适应正在发生的变化。

很大一部分的免疫系统是在肠道中发现的。这是合理的，因为最大数量的潜在入侵者是来自我们吃的食物或在肠道内产生的细菌。正如我们在第 9 章中讨论的那样，肠道微生物在一天中的不同时间繁盛和枯竭。当我们生活得不那么卫生的时候，我们会经常暴露于细菌、寄生虫和病毒中，这些细菌、寄生虫和病毒会经常引起我们的免疫系统的不适。这些犯罪分子都有自己的昼夜节律。预期细菌和寄生虫的威胁每天都会增加和减少，因此我们的免疫系统被编程为具有昼夜节律。免疫功能的这种节律也可以作为对慢性炎症的一种检查。换句话说，免疫系统昼夜节律的丧失可能是慢性炎症的另一原因。

除肠道外，人体脂肪、肝脏甚至大脑中也都有免疫系统。这些免疫系统的行为就像安全警卫：通常它们会闲着等待发生的事情。当入侵者入侵时，它们会被激活以抵消威胁。例如，如果肠道破裂，细菌颗粒进入血液并激活组织内的免疫细胞，则会引起全身性炎症。昼夜节律的破坏也会使组织或脑细胞受压，受到压力的细胞会产生许多化学物质来激活这些组织的免疫细胞，从而导致慢性炎症。

脑部炎症可导致抑郁、多发性硬化症甚至精神分裂症。脂肪沉积的炎症是肥胖症的普遍特征。这进一步损害了脂肪细胞在需要时燃烧脂肪的正常功能。当肝脏由于过多的脂肪沉积而受损时，会产生化学物质，促使免疫细胞对其进行修复。这导致肝脏充满疤痕组织，也称为脂肪性肝炎或（在极端情况下）肝硬化。

在限制性饮食下保持健康的昼夜节律，有助于减少全身性炎症。强健的昼夜节律有助于更好地修复皮肤和肠壁，从而使未消化的食物颗粒、致病细菌或引起过敏的化学物质进入人体并激活免疫系统的机会减少。昼夜节律更强，可减少氧化应激和炎症化学物质的产生。随着外界刺激因子的减少、引起炎症的化学物质减少，免疫细胞的活化程度降低，因此在限制性饮食下产生的全身炎症也更少。

破解你的密码使身体康复更加容易

甚至医生也会同意，对于任何人来说，最糟糕的地方就是医院，尤其是对于老人。免疫系统受损的患者在医院受到潜在的致命感染是很常见的。例如，有一个公认的术语，即重症监护室谵妄（Intensive Care Unit delirium）或 ICU 谵妄，它描述了可能导致长期认知功能障碍的认知受损状态。[6]症状可能包括注意力不集中，短期内意识障碍，记忆力减退，精神错乱以及语言或情感障碍。[7]鉴于睡眠不足和缺乏时间感或光线不足，重症监护室谵妄可能发生在医院的任何人身上。当免疫系统受损时，重症监护室谵妄可能发生，但我们认为这与昼夜节律紊乱有关。当病人在医院时，他们每两至三个小时就会被戳一次，他们没有连续的睡眠，灯光一直亮着，并且他们经常连接在静脉输液管线上，这意味着在医院可以随机或连续不断提供食物和药物。

在这种情况下，最好的防御是一个很好的进攻：如果你必须去医院，请确保拥有最好的睡眠工具，尤其是眼罩和耳塞。一项研究调查了噪声对睡眠质量和重症监护室谵妄发生的影响，在就寝时间使用耳塞可改善睡眠和防止谵妄，尤其是在入院 48 小时内使用时。[8]一般而言，良好的昼夜节律可以帮助你在住院期间更快地恢复，因为它可以改善组织修复，减少炎症，帮助再生受损组织并最大限度地减少身体的压力。

服用消炎药的昼夜节律

如果人体的炎症过程是昼夜节律的，那么你会发现许多炎症性疾病会在白天或晚上的某些时候加剧。例如，在老年人中，最普遍的炎性疾病之一是关节炎，引起关节发炎和严重疼痛。许多患有关节炎的人注意到，疼痛和僵硬的严重程度在早晨达到高峰，很难下床。

患者经常服用消炎药来控制关节炎疼痛。在一项涉及五百多名类风湿性关节炎患者的研究中，患者在早晨、中午或晚上服用了流行的非甾体抗炎药消炎痛。[9]早晨服药后，相关的副作用（包括胃部不适或头痛/头晕）的发生率是夜间服药的近五倍。晚上服药还可以减轻早晨通常出现的疼痛和僵硬。已知引起类风湿性关节炎的炎症会在午夜后增加。因此，睡前服用任何消炎药都可以抢先减轻夜间炎症的严重性，而且早晨起床时关节炎疼痛会减轻。

类固醇药物如强的松具有很强的消炎作用。它们通过减慢你的免疫细胞或抑制其活性来发挥作用。我们还知道，人体自身的类固醇（例如皮质醇）也会在夜间缓慢上升，并且关节炎患者产生的皮质醇较少。[10]因此，科学家们认为，午夜后增加类固醇激素水平可以有效抵抗关节炎。但是，这种方案很难维持，特别是因为午夜是我们都应该快睡着的时候。解决方法是创建这些药物的延长释放版本，以便患者可以在晚上九点或十点左右就寝时服用，但药物会在3至4小时后从胶囊释放到肠道。一项对照临床试验证实了它的功效：研究表明，类风湿性关节炎患者在睡前服用相同剂量的速释泼尼松（prednisone）或延长剂量的药物时，深夜释放的药物可减少24%的早晨关节的僵硬症状。[11]

实际上，科学家发现，将近五百种药物与昼夜节律安排相匹配时，其耐受性提高了五倍。[12]我们所服用的每种药物的数量要兼顾两种作用——治疗疾病或症状的预期作用以及意外的不良副作用。这就是为什么仅仅增加药物剂量并不能使治疗更好或更快的原因，因为如果使用更高剂量的药物，其副作用可能太大了。因此，定时服药可能是提高疗效的答案。这可能会改变许多疾病的治疗方法，从癌症到高血压、自身免疫性疾病、心脏病、抑郁症、焦虑症等。

流感疫苗的接种

提前计划你的疫苗接种日，并尝试事先获得一个星期的良好睡眠。在一项研究中，当参与者在接种疫苗前几天睡眠不佳时，将近一半的人对疫苗的反应明显延迟。[13]这引起了有关流感疫苗的重要问题，因为某些接种疫苗的人没有达到预防流感的功效。这些人可能要在明年注意，确保在注射流感疫苗之前的一周内睡得很好。

除了睡眠状况外，一天中的时间似乎是你注射流感疫苗时要考虑的另一个因素。初步研究表明，早上接种疫苗的预防效果比下午接种疫苗的更好。[14]

限制性饮食帮助控制炎症

已知昼夜节律紊乱会损害免疫系统，导致全身性炎症和对细菌感染的敏感性增加。[15]但是，遵循限制性饮食维持强健的昼夜节律可以帮助优化免疫功能，减少感染并减少全身性炎症。[16]这可能通过多种机制发生。

我们认为，这种免疫系统的益处可能部分归因于通过限制性饮食改善消化健康。正如我们在第 9 章了解到的那样，当我们改善肠道的屏障功能时，进入血液的侵害者将减少，而循环免疫细胞被中和的威胁也将减少。限制性饮食还可以减少全身炎症，包括我们的脂肪储存。当我们的身体脂肪用作能量来源时，发炎性脂肪和一般细胞损伤的数量就会减少。炎症性脂肪的减少越来越被认为是阻止Ⅱ型糖尿病和胰岛素抵抗的一个重要因素。随着全身炎症的减轻，关节疼痛和僵硬将消失，从而使体育活动变得可能且令人愉悦。限制性饮食还改善了大脑时钟，从而强化了大脑的屏障（类似于在肠道中发现的屏障），因此只有含氧的血液才能进入大脑，而细菌、细胞碎片或其他可能损害大脑功能的颗粒则无法进入大脑。这可以减少大脑局部炎症，避免造成许多脑部疾病（包括痴呆症）。

此外，限制性饮食还可以改善每个细胞的免疫防御系统。当我们遵循限制性饮食时，我们的细胞会产生更多的抗氧化剂来中和自由基，因此对细胞的损害较小。限制性饮食还改善了自噬，因此消除了更多损坏并进行了回收。最终，随着细胞内部的生物钟在限制性饮食下得到改善，它每天可以调整细胞自身的内部防御系统几个小时。当我们的细胞健康并且发炎少时，整个身体就会更好。

在我开始遵循限制性饮食之前，我有膝盖和关节的疼痛。通常，运动后我必须戴护膝或使用冰袋。旅行时，我总是生病——感冒或感染。在过去几年中，我所有的抗生素处方都是针对连续几个晚上深夜工作（和深夜零食）或在跨洲飞行之后出现的感染。

自六年前开始遵循限制性饮食以来，旅行后我很少生病，也没有关节痛；多年以来，我都没有使用过膝盖护具或冰袋。

癌症：昼夜节律紊乱的最坏结果

2007年，世界卫生组织的国际癌症研究机构宣布，导致昼夜节律紊乱的轮班工作是“可能的”致癌因素。在过去的十年中，涉及大型纵向研究的其他研究将轮班工作与癌症之间的可能联系扩展到了大肠癌、卵巢癌和乳腺癌。

癌症有许多不同的原因，其中一些具有昼夜节律的成分：

· 过度炎症：正如我们所讨论的，炎症是昼夜节律的，当慢性炎症持续，特别是在肠道或肝脏中，会助长癌症的生长。

· 自由基氧化应激：自由基会破坏细胞DNA，并且随着受损的DNA发生突变，其中一些可能会致癌。

· 端粒：由于生物钟参与DNA修复，因此对维持健康的端粒（染色体末端）也有一定作用。在一项研究中，夜班工作了五年或五年以上的女性端粒长度减少，从而增加了患乳腺癌的风险。[17]

· 免疫系统监视：某些免疫细胞正在寻找看起来不正常的组织，一旦发现，它们会杀死它。这是生产性自身免疫的一个非常明显的例子，因为当免疫系统发现像正常细胞90%一样的癌细胞，它就会杀死它。当这种免疫系统受到损害时（如在昼夜节律破坏下发生的情况），许多癌细胞将逃避薄弱的监视，并生长为威胁生命的肿瘤。

· 细胞周期检查点：正常细胞与癌细胞之间的根本区别之一，是正常细胞生长不快，分裂频率也不高，而癌细胞生长更快，分裂频率更高。当正常细胞分裂时，它们需要处于完美状态。正常细胞中的生物钟确保有许多控制步骤，使细胞仅在特定时间生长，每天或每几天分裂一次，并定期进行自我修复。癌细胞逃脱了所有这些检查和平衡。通过逃避为细胞分配营养的昼夜节律机制，它们的生长快得多。癌细胞会产生更多的脂肪分子，这些脂肪分子会建立新的细胞，它们会回收废物以促进其快速生长。癌细胞也没有严格的 DNA 损伤修复机制，因此它们会缓慢积累 DNA 损伤。

• 代谢：细胞生长时需要大量能量。昼夜节律时钟控制新陈代谢，但是当时钟紊乱时，新陈代谢加快，并助长癌症。

• DNA 损伤响应：如果 DNA 受到损伤，则必须对其进行修复，生物钟调节一些修复酶，以便在细胞可能受到损伤时打开修复系统。例如，在肠道中，DNA 修复系统在半夜启动，皮肤修复系统的定时时间是深夜，因此它不会与白天的日晒伤害相抗衡。如果修复的时机不正确，则细胞可能会在受损 DNA 修复之前分裂成新的细胞。受损 DNA 的扩散会增加人患癌症的机会。

• 自噬：癌细胞利用自噬为自身提供能量，因此癌细胞内部没有太多受损部位。一旦有东西损坏，它们立即将其回收再利用。据我们了解，自噬受时钟调节，因此它仅在一天中的某些时间发生，特别是在我们禁食的深夜。当自噬高速运转并且没有时间选择所有损坏的零件时，有时会留下损坏的线粒体。这些受损的线粒体继而产生更多的自由基或氧自由基或氧化应激。

癌症治疗和昼夜节律

昼夜节律与癌症的许多方面有关，包括预防和治疗。轮班工作者的进食、睡眠和光照时间不规律会增加患癌症的风险。这一观察结果立即表明，保持强健的昼夜节律可以预防癌症。实际上，在一项有关妇女和乳腺癌风险的大型回顾性研究中，我来自加利福尼亚大学圣地亚哥分校摩而斯（Moores）癌症中心的同事露丝·派特森（Ruth Patterson）发现，保持规律饮食和 11 小时限制性饮食的女性对预防乳腺癌非常重要。[18]由于已知限制性饮食可以减少慢性炎症（这是导致癌症的原因），因此 11 个小时的限制性饮食可以降低患乳腺癌的风险。这是一个非常重要的发现，因为很少有研究将营养与癌症风险相关联，而这些研究已通过独立的受控人体研究得到了验证。

仅仅改变日常习惯也会减少肿瘤的生长吗？我们认为答案可能是肯定的，关键是恢复昼夜节律。一组科学家对小鼠进行了实验，并获得了积极的结果。他们在三组小鼠体内放置了一个微小的肿瘤。第一组生活在正常的明暗周期下，而第二组每隔几天更换一次周期，就好像它们经历了时差或轮班工作一样。两组都可以随时获得食物，可以在任何需要的时候进食。他们发现，在轮班工作和时差反应条件下，肿瘤在小鼠中的生长更为迅速。但是，当第三组小鼠经历相同的轮班工作和时差模式，但仅在 12 小时内获得食物，其肿瘤生长在短短七天内减少了 20%。[19,20]

在治疗方面，我们知道化疗的时间很重要已有三十多年了。[21]在一项针对晚期卵巢癌女性的研究中，患者接受了两种不同的药物阿霉素（doxotrubicin）和顺铂（cisplatin）治疗，但是在不同的时间进行——这是当时卵巢癌患者的标准做法。早上服用阿霉素和晚上服用顺铂的妇女从抗癌药物中产生的严重副作用较小，而按相反的时间表服用药物的妇女［早上服用顺铂而晚上服用阿霉素］副作用较严重。这是第一项表明药物在错误的时间服用导致不良反应恶化的研究。该研究在一篇题为《服药时间不当成为毒药：昼夜节律和药物治疗》的文章中被评论。[22]

从那时起，许多其他类型的癌症和不同癌症药物的研究都得出了相同的结论——癌症药物的服用时间可以使治疗无效或更加有效。在一项针对大肠癌的研究中，奥沙利铂（oxaliplatin）是从小型泵递送给患者的，小型泵每小时缓慢地递送少量药物，大剂量则在下午四点给药。对先前的化疗没有反应的患者开始对这种定时给药的癌症药物产生积极的反应。[23]

当必须切除肿瘤时，时间甚至也会发挥作用。例如，如果肿瘤已经到达肝脏，则将包含肿瘤的肝脏的近一半切除。手术后，正常的肝细胞应该分裂并生长，从而使肝脏恢复到正常大小并发挥其正常功能。在一项研究中，日本的一组研究人员在上午或下午晚些时候切除了小鼠肝脏的三分之二。与早上进行手术的小鼠相比，下午进行肝脏手术的小鼠肝脏再生快得多。[24]

一些癌症患者还必须忍受全身辐射（TBI）才能破坏化学疗法或手术难以达到的区域中的癌细胞；它通常用于抵抗神经系统、骨骼、皮肤和男性睾丸中发现的癌症。有时会进行全身辐射来削弱或禁用免疫系统，特别是如果患者正在接受移植。如果患者从供体获得骨髓或干细胞，则患者的免疫系统会将这些细胞视为异物并试图破坏它们，从而破坏了治疗的目的。全身辐射还用于杀死患者的骨髓，从而使新的骨髓具有生长的空间。但是，全身辐射有许多不良副作用，包括脱发、恶心、呕吐和皮疹。这是因为旨在杀死癌细胞的放射线还会破坏正常细胞的 DNA。当 DNA 不被修复时，细胞会死亡。

几年前，我们对实验室小鼠进行了简单的实验。我们发现小鼠的皮肤和毛细胞在晚上修复了所有受损的 DNA。我们将这一发现向前迈进了一步，并测试了在一天的不同时间给小鼠进行全身辐射会发生什么。我们对一组小鼠在早晨用辐射剂量治疗，另一组在晚上用相同剂量的辐射治疗。正如预期的那样，在早晨接受全身辐射的老鼠掉了 80%的毛发。但是晚上接受相同全身辐射的小鼠保留了 80%的毛发。这是因为晚上进行的辐射与它们的昼夜节律同步，辐射引起的 DNA 损伤被迅速修复，恢复了正常的毛细胞功能。[25]

癌症研究和昼夜节律的最新想法是开发可直接与时钟分子结合并恢复昼夜节律的药物，这可能让那些治疗效果不好的肿瘤药物变得有效。早期研究表明，肿瘤中时钟蛋白水平正常的脑癌患者的生存率要高于肿瘤中时钟蛋白水平低的患者。[26]在我们的实验室中，我们通过用增强时钟基因功能的药物治疗胶质母细胞瘤，来重新激活小鼠肿瘤时钟。[27]当将胶质母细胞瘤放入小鼠体内时，肿瘤会迅速生长，几天后，肿瘤的大小会增加近十倍或十五倍。但是接受时钟药的小鼠显示出明显的肿瘤生长减少，并且存活时间更长。更重要的是，时钟药物比用于治疗脑癌患者的标准药物更有效，后者被用于第二组小鼠。

患者和医护人员的同步

一旦昼夜节律与更好的癌症结果之间的因果关系得到广泛认可和接受，医生将改变他们的时间表以获得最佳治疗效果。如你所见，我们的昼夜节律可以调整。例如，连续夜班的工人的昼夜节律与我们完全相反。实际上，他们的褪黑素水平在白天会上升，而在夜间会下降，因为他们生活在完全不同的时区。同样，外科医生可以调整昼夜节律到他们的最佳表现时刻，与病人接受治疗的最佳时间吻合，以期获得最佳效果。例如，如果手术结果在下午显示出更好的效果，则医生可以通过将自己的最佳表现从早上转移到下午来，例如，较晚起床并值下午班。

技术的进步将继续帮助我们改善治疗经验。例如，在一些欧洲医院中，患者被连接到微型泵（如胰岛素泵）上，该微型泵会根据患者的生理时钟在正确的时间输送药物。此类技术可轻松用于许多治疗方案。其他治疗方法（包括手术）通过远程控制使用机器人：纽约的医生可以通过机器人在旧金山或夏威夷的病人身上治疗。[28,29]这项技术进步是使病人身体处于最佳手术时间与医生达到最佳表现之间的时间差同步的另一种潜在策略。

与癌症搏斗的姐妹

癌症治疗很复杂。即使当抗癌药杀死某些肿瘤，其他肿瘤仍会生长；在无癌几年后，休眠的肿瘤也可能重新出现。这称为癌症复发（cancer recurrence）。

癌症治疗研究大力投入以了解生物节律，而在我们的实验室中，正在研究将两者联系起来的方法。例如，我们与一对姐妹保持联系：姐姐患有卵巢癌和子宫癌，妹妹患有乳腺癌。姐妹俩都接受了 8 小时的限制性饮食，并且报告说，这种饮食安排可以在许多方面帮助她们的治疗。她们的疲劳减轻了，药物副作用（如恶心或肠痛）减少了，睡眠也得到了改善。时间限制性饮食甚至可以增强其抗癌药的功效。她们的经验与最近的一项研究一致，该研究还表明，在遵循时间限制性饮食的女性中，癌症的复发率降低了。[30]时间限制性饮食减少了微小的休眠肿瘤生长的机会，从而改善了癌症的治疗。

第 12 章　优化大脑健康的昼夜节律密码

我们很难知道大脑是否运转正常。我们具有弥补不足的强大能力，我们经常认为我们的行为是正常的，即使情况并非如此。家人和朋友通常是第一个注意到我们的行为或思想发生变化的人。而且，当一个家庭成员出现脑功能障碍时，无论它发生在思维、情绪反应或记忆方面，整个家庭都会受到影响。随着功能障碍的发展，患者可能难以维持正常的家庭关系，几乎没有朋友或者独自一人，并可能成为负担。因此，照顾好我们的心理健康可以确保我们不仅在照顾自己，而且也是在照顾家庭。

没有任何血液或基因测试可以绝对肯定地告诉我们一个人的脑功能会下降，例如抑郁症、焦虑症、躁郁症、创伤后应激障碍（PTSD）或强迫症（OCD）。此外，帕金森病、阿尔兹海默症、亨廷顿氏病、多发性硬化症和肌萎缩侧索硬化症（ALS，俗称渐冻人）等与大脑有关的疾病无法治愈。这些疾病可能与少数几个基因的某些突变有关，但这仅能解释所有发病率的一小部分，当然也不能为近年来许多脑疾病的发病率辩护。

遗传和环境因素相互作用更容易产生疾病。对于威胁生命的脑部疾病、抑郁症、焦虑症甚至强迫症都是如此。尽管这种解释是有道理的，但我们不知道是哪些特定的环境因素引发了这些疾病。我们确实知道，保持强健的昼夜节律可以增强抵抗这些脑部疾病的能力。

什么是昼夜节律的影响因素?

几乎所有的大脑区域都存在昼夜节律时钟，包括与神经精神疾病有关的区域。尽管我们尚不完全了解脑功能障碍如何开始或发展，但这些疾病的机制主要涉及四个主题，而昼夜节律涉及所有这些主题：

(1) 缺乏能代替受损或死去的脑细胞的新脑细胞（神经元）的出现，导致健康的神经元数量逐渐减少。我们曾经相信，自从儿童时期大脑发育后，我们就不再制造神经元了。但是，大约二十年前，索尔克生物研究所的一位同事 Fred Gage 突破了这个概念。[1]现在很明显成年大脑具有特殊的干细胞，这些干细胞会在我们的一生中产生新的神经元。这些新的神经元通过所谓成人神经发生（adult neurogenesis）的过程来替换受损或死亡的神经元，并且再生能力对于保持大脑正常运转直至老年非常重要。神经发生能力的降低导致一系列大脑健康功能障碍，从健忘和记忆力减退到痴呆症。

昼夜节律调节几个方面的成人神经发生。干细胞产生新神经元的过程每天都有规律，以确保在一天的正确时间将正确类型的健康脂肪分子传递给新神经元。当我们有强健的昼夜节律时，就会产生更多健康的神经元。相反，当我们睡眠不足或有时差时，当天可以制造的新神经元的数量会减少。

(2) 神经元的布线不良，导致大脑区域之间的误连接或通讯不畅。出生时我们的大脑尚未完全发育，这意味着大脑的许多部分尚未连接到其他大脑区域。在生命的头五年中这些连接发展缓慢。除了这些连接之外，还有大脑化学物质的独特模板，介导神经元之间的通信。在发育的关键时期，睡眠—清醒和光线—黑暗周期会影响大脑发育。光线不平衡（白天的光线太少或晚上的光线过多）或不规则的睡眠—觉醒周期可能会造成持久的影响，例如永久改变睡眠方式，对光过敏，甚至例如自闭症谱系障碍或注意力缺陷多动障碍。在小鼠中，来自视网膜的黑视蛋白细胞将错误信息传递给大脑的时候，可以导致光诱发的头痛和偏头痛。[2]当人们在明亮的光线下花费太多时间时，情况可能也是如此。

（3）神经元的损伤积累或缺乏足够的修复以及神经元的死亡：昼夜节律调节参与减少神经元压力的基因，促进其修复，从而使神经元保持健康。如果大脑的任何生物钟被打乱，与之相关的神经元就会变得容易承受压力、被损坏或死亡，或者清理混乱的过程也会受到影响，从而造成更大的压力和损害。这就是为什么时钟破坏会导致大脑产生错误的连接。脑中化学物质的传递错误会造成进一步的损害，并可能导致许多不同的状况，包括自闭症、多动症、抑郁症、躁郁症、创伤后应激障碍、广泛性焦虑症、恐慌症、严重的偏头痛、癫痫病和癫痫发作。

（4）大脑化学物质失衡：神经元产生的大脑化学物质称为神经递质（neurotransmitters），是神经细胞之间的信使。这些神经递质中包括多巴胺、5-羟色胺、去甲肾上腺素和γ-氨基丁酸（GABA）。这些神经递质调节大脑功能的各个方面，包括保持机敏或活跃，保持镇静以及对动机或奖励做出反应。许多神经递质都处于昼夜节律控制下，这是有道理的，因为我们通常在一天的不同时间经历不同的心理状态。早上，我们对当天计划的一切更加机敏和焦虑。白天，我们有动力去做我们计划的事情，并且受到完成工作的小额奖励的驱使。在傍晚和深夜，支持镇静作用的大脑化学物质有助于我们舒缓情绪。

一些大脑时钟参与制造这些大脑化学物质，而另一些时钟参与分配化学物质的生产周期。当时钟中断时，大脑化学物质的生产时机错误或停滞在高位或低位。这是我们发展出不同的脑部疾病的时候。例如，当小鼠的大脑没有时钟时，它们会产生过多的多巴胺，这是一种与体内能量消耗、新陈代谢和活动有关的神经递质。[3]多巴胺过多会使小鼠和人都躁狂。

光的作用

我们的昼夜节律与心理健康之间的联系可以追溯到三万年至四万年前人类向北半球的迁移。光线不足与抑郁症有关，冬日短短不到 6 小时的日光是罪魁祸首。今天，这被称为季节性情感障碍（seasonal affective disorder，简称为 SAD）。SAD 是一种抑郁症，其症状包括疲劳、绝望和社交退缩。那些容易受到 SAD 影响的人会从秋天到初春时感到“冬天的忧郁”，直到白天变得更长时，才会好转。对于冬季居住在北欧国家/地区的人们来说，这种情况频发。在人们准备工作的早晨，那里的阳光并不多。随着一天的过去和太阳的升起，情绪会升高，表现也会随之提升。甚至在北欧国家以外，随着从赤道向高纬度地区迁移，整个人口中的抑郁症和自杀率都在增加，这种增加是季节性的，而冬季，抑郁症则有所增加。[4,5]环境因素使一些地区容易受到精神健康问题的影响，这是一个很好的例子。

抑郁、季节性情感障碍和晚上睡眠不足（以及我们清醒时感到困倦）之间的共同点可能是白天缺乏足够的明亮光线。我们知道，那些患有失眠症并且整天感到困倦的人（无论他们有固定的工作还是轮班工作）都容易抑郁。[6]但是，我们才刚刚开始发现光对终生睡眠和活动模式的影响。一项 2017 年的研究表明，当青春期小鼠暴露于模仿非常缓慢的时差（在 1 个时区内旅行）的不自然的昼夜循环时，每天的光照定时提前或延迟仅 1 小时，仅几周后，它们的生物钟就完全重新调整。[7,8]我们认为，这种影响完全归因于视交叉上核（SCN）的主脑时钟如何通过打开或关闭一组独特的基因来重新编程。

这项研究具有开创性，因为以前认为仅在小鼠基因突变时才会发生这种昼夜节律变化，现在研究人员发现这些小鼠的 SCN 出现化学失衡。照明时间表的更改影响了 γ-氨基丁酸（GABA）的产生。众所周知，它可以使我们保持镇定。有趣的是，大多数 SCN 时钟神经元都会产生 γ-氨基丁酸，而且我们也知道，过量或过少的 γ-氨基丁酸会对我们的睡眠—觉醒周期以及我们保持镇定或变得焦虑的能力产生巨大影响。

这是否意味着在光照紊乱的环境中成长的孩子注定要面对精神健康问题，或者成人不良习惯会触发脑功能障碍？我们不确定。但是我们知道，与脑功能障碍有关的疾病的发病率正在上升。如果我们能更好地设置固定的就寝时间，注意夜间有多少光线，并确保白天有更多的阳光，我们也许可以逆转这些数字。

室内照明，尤其是在错误的时间，可能会对我们的昼夜节律产生深远的影响，尤其当我们生病时。如第 11 章所述，众所周知，许多重症监护室患者一开始就处于危急状态，由于医院总是灯火通明，他们对白天和黑夜都缺乏清晰感。几天后，许多患者出现了 ICU 谵妄。安装新的照明设备以模拟白天和夜晚变化的明亮和昏暗的灯光，并降低噪音以支持夜间睡眠，这将恢复 ICU 患者的昼夜节律并大大减少 ICU 谵妄。[9]

从出生之日起，早产婴儿就将暴露在错误的时间和错误的光照下。当这些婴儿的大脑和身体还未完全发育成熟时，他们就进入了这个世界。他们在新生儿重症监护室（NICU）里度过了头几天或几周，直到完全发育并可以在家中长大。NICU 的灯一直亮着，因为医生和护士必须每隔几个小时（或者隔几分钟）检查一下婴儿。许多监视器和计算机屏幕会发出声音并发光。结果，发育中的孩子的大脑没有白天或黑夜的感觉。我们还知道，早产儿通常存在许多持续的健康问题，包括大脑发育问题，许多人长大后会患有注意力缺陷多动障碍、自闭症谱系障碍、学习障碍，语言能力受损等。这些相关的观察提出了新的问题，是否可以通过调整进食时间或光照时间而维持昼夜节律，预防或减轻这些疾病的严重性。

在第 8 章中讨论的一项非常有趣的研究中，研究人员在夜间遮盖早产婴儿床几个小时，以阻挡明亮的光线。[10]这种简单的采用明暗循环的方式加速了婴儿的生长发育，从而使他们的住院时间减少了 30%。婴儿体重增加更快（体重增加更快与整体大脑发育更好相关），并且他们的心律更加稳定。不仅如此，这些婴儿的血液中氧饱和度更高，褪黑素更多。让他们经历一个清晰的昼夜循环，就产生了深远的影响。

合适的光照能克服抑郁症

还记得我们在第 7 章遇到的圣地亚哥警察寇里·马普斯通吗? 当寇里夜班工作时，他非常清楚自己容易感到沮丧。但是在 25 年的工作中他从未得抑郁症。为什么? 他确保睡觉前至少有 1 小时的日照时间。他告诉我，当他感觉到阳光时，阳光会从眼睛流到大脑并将它唤醒。在日光下就像免费服用可提振大脑的维生素。日光使大脑化学物质重新平衡——更多的光在大脑中释放出更多的兴奋性谷氨酸，恢复皮质醇和褪黑激素的日常节律，并使它们保持适当的平衡。此外，拥有更多的日光还可以使你的睡眠对夜间的光线更能容忍，因此你仍然可以上床睡觉并消除焦虑。

解决光线和睡眠问题，实现最佳大脑健康

所有神经系统疾病的一个共同问题是睡眠障碍。我们白天的工作本质上是一系列涉及认知和情感的决策。睡眠障碍会影响这一决策过程。它在许多精神疾病中也很常见，例如创伤后应激障碍、焦虑症、躁郁症等。它也是神经退行性疾病（例如阿尔兹海默症和多发性硬化症）的重要因素。这些问题很少被认为与睡眠异常或昼夜节律紊乱有关，但事实如此。[11] 处理睡眠问题通常是治疗任何脑部健康问题的主要方面。

晚上过多暴露在光线下会减少睡眠，这正是大多数受损细胞的清理时间，因此睡眠减少，就会减少受损细胞的清理。当你睡得更多时，你的大

脑自然就会有更多的时间来修复和清理废物。睡眠还可以通过另一种方式帮助大脑排毒。在一种新发现的现象中，大脑中似乎有一种特殊的引流系统，称为脑淋巴系统（brain lymphatic system）。该系统在睡眠期间运行，以消除大脑的代谢废物。睡眠可使这一过程增加多达60%。[12]因此，无论你白天有什么良好的习惯，晚上睡个好觉都是清除大脑中所有废物的最佳方法。据推测这是为了预防痴呆。[13]过度紧张且睡眠不足的大脑产生的蛋白质形状不正确。随着这些变形蛋白质的积累，它们会导致脑细胞死亡——痴呆症的标志。

大脑会随着年龄增长而忘记我们需要多少睡眠吗？

如前所述，睡眠是整合和存储记忆的时间。你可以睡7小时以上的夜晚越多，随着年龄的增长，可以更好地保护自己免受记忆丢失的困扰。这在短期内也有效，我们在第4章了解到，更好的睡眠会促成第二天更好的记忆力和注意力。

有些人问我，他们不良的睡眠习惯是否会导致长期记忆问题，例如痴呆症或阿尔兹海默症。事实是，我们不知道睡眠不足是否会导致痴呆，但这是造成它的一个原因。研究人员发现，睡眠不足会损害小鼠的记忆力，并导致斑块和缠结的发展，这些斑块和缠结是阿尔兹海默症的标志。[14,15]考虑到这一点，拥有良好的睡眠并保护你的大脑比不必要地放弃这些时间要好得多。

然而，随着年龄的增长，我们更有可能减少睡眠时间，而不是增加睡眠时间。老年人告诉我，他们仅经过5个小时的睡眠就变得清醒，并且精神焕发，因此他们不打算再上床睡觉。我们也知道，随着年龄的增长，睡眠质量会下降。我们对声音和光线更加敏感，两者都会干扰睡眠。迈克尔·罗斯巴什（Michael Rosbash）（因发现生物钟的工作原理而获得2017

年诺贝尔奖）和他的研究人员发现，当他们轻柔地戳幼果蝇和老果蝇时，老果蝇更有可能从睡眠中醒来。[16]幼果蝇第二天重新入睡或睡了更长的时间，好像它们正在弥补失去的睡眠，而老果蝇的睡眠时间不长。好像它们的果蝇大脑“忘记”了它们睡眠不足。罗斯巴什的简单实验表明，年龄较大的大脑不仅会因小小的干扰而醒来，甚至会忘记需要多少睡眠时间。

这就是要点：随着年龄的增长，我们会缩短睡眠时间，从而对自己和大脑造成伤害。因此，每天晚上都要有 8 小时的睡眠时间。

时间限制性饮食和脑健康

正如我们在第 9 章中讨论的那样，来自肠道的激素会错误地进入血液。这些激素可以进入大脑并影响大脑功能。这些激素之一是 CCK-4，已知它会在到达大脑时引起焦虑。时间限制性饮食会减少可作用于大脑并引起焦虑或惊恐发作的肠激素。

当我们重点关注一组营养成分时，会看到食物影响大脑功能的另一种机制。例如，近一个世纪以来，已知一种生酮饮食（一种碳水化合物含量低、脂肪含量高的饮食）可以减少严重的儿童抗药性癫痫的发病率。这种食物成分改变了脑细胞可用能量的类型。脑细胞使用酮体（这是脂肪的分解产物），可以改善大脑的整体功能并降低癫痫发作的发生率。8 至 10 小时的时间限制性饮食也可以使人体利用储存的脂肪细胞，并产生这些天然酮体以用于脑部能量。如果你遵循 8—10 小时限制性饮食，你的身体自然会产生酮，这些酮会滋养你的大脑并减少大脑发炎。

在食物短缺时寻找食物的动机是最原始的反应之一。我们知道，仅给小鼠几个小时的食物时，它们就会制定战略并发展出有趣的机会主义觅食行为。[17]它们在给食物的时间之前就醒来，然后开始寻找食物。有证据表明，这些食物接触受限的小鼠利用生酮能量和昼夜节律来获得准确的睡眠量，使它们能够早起以寻找食物。[18]

还有新证据表明，酮提供化学信号，保护神经元免受伤害，或者当面对神经退行性疾病（例如阿尔兹海默症、帕金森症和亨廷顿氏病）时，神经元可以更好地自我修复。[19]尽管现在将动物通过时间限制性饮食寻找食物的动机的增加与大脑健康的改善联系起来还为时过早，但现在非常清楚的是，生酮饮食对大脑健康的许多好处可以通过在8到10小时内吃完所有食物来实现。

每天在同一时间进食并长时间禁食，可使大脑和身体中的生物钟同步。时间限制性饮食自然提高了你的睡眠质量，因此你可以轻松入睡且睡眠几小时不会中断。

在加利福尼亚大学洛杉矶分校的克里斯托弗·科尔韦尔（Christopher Colwell）实验室的一项2018年研究中，发现时间限制性饮食可显著减轻小鼠模型中亨廷顿氏病的神经退行性症状。[20]在三个月内，获得食物不受限制的小鼠出现了亨廷顿舞蹈病的明显症状：正常的睡眠—觉醒周期严重中断、运动协调能力差以及心率变异性增加。TRE组的小鼠受到明显保护，免受这些症状的影响。TRE组小鼠的睡眠良好，运动协调性更好，心率更规律，大脑功能与健康大脑更相似。

运动支持大脑健康

运动会增加脑源性神经营养因子（BDNF），从而增强神经元之间的连接并改善记忆力。脑源性神经营养因子可以进一步增强对受到压力或受伤的神经元的修复。当大脑中存在强大的生物钟时，也会发生这种过程。

运动和时间限制性饮食可以独立发挥作用，也可以共同发挥作用，以防止发生在帕金森病中的多巴胺能神经元丢失。好处是如此之深，以至于当运动的小鼠受到已知能杀死神经元并引起帕金森病、中风甚至亨廷顿氏病的毒素的伤害时，它们的大脑对这些挑战的抵抗力更强，并且比不运动的小鼠恢复得更快。[21,22]运动或禁食似乎会在小鼠的大脑中产生类似的化学变化，[23]并且可以帮助维持强大的昼夜节律。这些作用在我们的大脑中建立了复原力，使大脑可以处理更多的破坏性伤害并且可以更快地恢复。

应对压力

拥有强大的生物钟可以保护你免受影响我们健康的日常生活压力。例如，应激激素皮质醇处于严格的昼夜节律调节下。健康的人的皮质醇的产生在早晨达到高峰，在就寝时间降至最低水平。这使我们可以放松身心并入睡。

在第二种机制中，昼夜节律时钟本身可以消除压力激素突然激增的影响，因此在压力源消失后，我们可以恢复到正常的心理状态。想象一下，你在晚上通勤时一直堵车，而你要去幼儿园接孩子快迟到了，仅仅对于迟到的担心就足以增加肾上腺产生的压力激素。但是，当你终于到达并与孩子团聚时，即使你迟到了，你的压力也应消除；这种平静与激素产生的停止有关。如果你的时钟系统稳健并且能够停止压力激素的产生，那么在通勤期间已经飙升并在血液中循环的压力激素不会造成太大的伤害。

但是，如果你在傍晚仍然感到压力，你会遇到压力反应问题。首先，压力荷尔蒙过多会使身体系统不堪重负，你自己的时钟可能无法应付。晚上压力荷尔蒙激增会让你兴奋。这会延迟你的睡眠时间，并可能增加你暴露于夜间强光下的时间，进一步干扰你的时钟。有些人可能认为这种“自然能量提升”是一种积极的经验，因为他们认为自己可以在晚上提高生产力。但是，随着时间的流逝，晚上持续不断的能量会从生产力转变为焦虑症。第二天，这种压力反应的后果会以多种形式出现：如果你睡得晚，白天可能会感到非常疲劳，烦躁，头晕和饥饿。

患有慢性压力的人甚至可能会情绪低落。在昼夜周期中过多的压力激素会减少新神经元的产生，并且随着受损神经元数量的增加，我们会屈服于抑郁症。在老年人中，缺乏新的神经元与增加的受损或死亡神经元相结合，会导致健忘或记忆力减退。

你可以养成良好的习惯解决压力。进行任何一项运动，甚至在健身房锻炼 30 分钟到一小时，都可以为你提供额外的保护，防止压力造成的破坏性影响。在晚上，放松阅读或冥想有助于减少压力荷尔蒙的产生并促进睡眠。

对抗抑郁症

压力或突然的悲伤事件可能会使人感到情绪低落，自然而然的是，他们想一个人待在室内，在黑暗的房间里沉迷。所有这些行为都会影响生物钟。受影响的时钟使他们进一步陷入沮丧状态。同时，抑郁的症状之一是无法入睡或过度睡眠，这进一步扰乱了时钟。那些已经沮丧的人可能会陷入恶性循环。不是生理时钟造成抑郁症，而是抑郁导致昼夜节律紊乱而导致更多沮丧的现象。

克服抑郁症或至少可以对付抑郁症的一种方法，是以一种纪律严明的方式简化生活。好习惯会养成更多的好习惯。如果你可以在晚上获得充足的睡眠，白天进行锻炼，增加日光照射并每天同一时间进餐，那么你会因为提前做出这些决定而减轻生活中的一些压力。

许多压力大和不幸的事件是不可避免的。我没有见过从未经历过压力，或从未遇到过诸如失业或失去亲人之类的困难的人。虽然这些事件可以使我们陷入焦虑或抑郁状态，但拥有强健的生物钟既可以预防这些疾病，也可以作为摆脱这些疾病的潜在途径。

你可以遵循以下四个简单的习惯来保持生理时钟稳定并保持正常的大

脑功能：睡眠、时间限制性饮食（TRE）、运动和适当的日光照射。这四种习惯均可以改善大脑健康。改善一个生物钟的习惯会给你带来一些好处，但是结合两个或多个生物钟对滋养你的大脑有很大帮助。

绝大多数抑郁症患者难以入睡或整夜无法入睡。许多用于治疗抑郁症的药物通过促进睡眠起作用。但是，药物诱发的睡眠会使人们第二天过于困倦，几乎无法使自己下床。尽管这些药物可以在数周或数月内缓慢帮助他们克服抑郁症，但生活质量通常会受到影响。

有些人可能会经历一段时间的过度机敏和活跃或躁狂。这称为躁郁症（bipolar disorder）。现在有充分的文献记载，那些抑郁症的人如果睡眠模式不规律或睡眠量少，他们更容易患躁狂症，这会慢慢发展为精神病。那些更容易躁狂发作的人可能会因跨几个时区旅行而睡眠不足而发病。[24]

长期以来，昼夜节律紊乱与脑部疾病之间的联系一直被认为是相关的，但是很难证明一个实际上是引起另一个的原因。几年前，躁郁症和生理时钟之间建立了直接联系。人们发现，广泛用于治疗双相情感障碍的药物之一锂与生物钟的一种成分结合，使其功能更强大。[25]这一发现在大脑健康方面具有预防和治疗意义。同样，我们知道没有抑郁症的人比那些患有抑郁症的人睡得更好，饮食习惯也更好。但是，你不需要锂来保持积极的情绪；解决睡眠、光线、食物和运动的习惯，将有助于振奋精神并改善大脑健康。

罗杰·吉列明将长寿归功于有节律的生活

罗杰·吉列明（Roger Guillemin）是诺贝尔奖获得者，也是一位艺术家，丈夫，六个孩子的父亲，祖父。但最令人印象深刻的是，他九十四岁时仍然活跃且机敏。在接受我的博士后研究员艾米莉·曼努吉安（Emily Manoogian）的采访时，他将自己的成功部分归功于自己在日常生活中确立的惯例（在什么时候吃、吃什么、吃多少、睡眠和活动）。[26]

吉列明博士在法国第戎长大，在那里读完大学并获得医学学位。他移居蒙特利尔以追求长期的研究兴趣，与汉斯·塞利（Hans Selye）合作，后者的指导在他的生活中发挥了重要作用。塞利博士是最早了解压力反应以及肾上腺如何产生皮质醇等化学物质以帮助我们应对急性压力的科学家之一。正如吉列明博士所解释的那样："塞利是第一个在医疗对话中引入压力一词的人。在此之前，压力仅是工程师使用的术语。"

在担任自己的实验室负责人已有五十年的时间里，吉列明博士的日程安排非常一致（实际上，他与助手 Bernice 合作已有四十多年了）。他每天早上六点半到七点没有闹钟地醒来。他从来都不吃早餐，通常只吃一点东西：咖啡、一些吐司和果酱。他于上午八点左右到达实验室，有时在中午左右吃一小顿午餐（没有零食），然后在下午五点后返回家中。在晚上七点与家人共进晚餐，喝一杯葡萄酒。在家里，只要有可能，他只吃法国菜。他从来没有真正限制自己的饮食，而是坚持自己喜欢的新鲜优质食品。他在晚上十点左右上床睡觉。并于第二天再次开始。吉列明博士从没将自己看作运动员，但他几乎在成年后的每一天都通过游泳或打网球保持身体活跃。

尽管吉列明博士取得了显著成就，但他仍然经历着作为科学家不断被施加的压力，要求他们在实验室中不断取得进步。实际上，有时他考虑关闭实验室。他没有缓解压力的特殊技巧：他只是坚持不懈。他指出他的日常工作以及与家人在一起一直是并且将继续是他一生中美好的支持系统。

维持最佳的大脑健康并不一定是终生的挑战，尤其是如果你了解昼夜节律在维持健康的身体和健康的大脑中的核心作用。就像终身牙科保健的关键是日常牙科护理一样，你可以采用我们在本书中概述的简单习惯来养成你的昼夜节律。你的入睡、进餐和运动，可以适时地安排进你的基因、激素和脑部化学物质的节律中。实际上，每次我听到像吉列明博士这样健康的人进入九十岁时，仔细观察他们的生活方式，就会发现他们已经将昼夜节律融入了日常生活。

第 13 章　一个完美的昼夜

我的昼夜节律完美的一天是从前一天晚上开始的，我提早吃完晚饭（下午七点左右），然后在十点半之前入睡。早上，我感到休息充足后的精神焕发。在早晨八点左右享用丰盛的早餐后，我在外面快速散步，然后开车去上班。开车时我的脑子很兴奋，等我到办公室时，我就可以开始工作了。我会在中午前后休息一下午餐，然后恢复工作直到下午五点。然后，我做一些运动，回到家与家人共进晚餐；使用任务照明完成一些工作，或者帮助女儿做家庭作业。

如你所知，这些完美的日子为我的最佳健康设定了昼夜节律。但是它们每天都会规律地发生吗？当然不是。我为工作做很多旅行；不仅在美国境内，而且在全世界。有时，我必须特别早起床赶飞机或在几个时区之外与同事进行电话会议。有时，我必须熬夜工作，在截止日期之前盯着我的电脑直到深夜。有时，我不得不招待同事或参加会议，晚饭会比我想要的晚，而不是根据我的 TRE 时间。

但是，我每天都尽力使我的昼夜节律密码尽可能保持正确。如果我不能运动，我保证遵守自己的 TRE。如果我吃晚饭晚了，我仍要尽量在下顿饭前至少禁食 12 至 13 个小时。如果我晚睡，第二天一定要锻炼。你要明白，我们追求完美，但有时只要行动就已经很好了。我知道健康掌握在自己手中，取决于自己，我要尽可能多地做出正确的选择，以获取最大的回报。

希望在阅读本书时，你了解到关于自己的生物钟的一些知识，以及进行必要的细微改动来让它融入你的生活。在遵循本书中的建议几个星期后，请返回第 3 章中的测试，并查看结果是否不同。跟踪最初收集的数据并了解你在形成新习惯方面的状况是一个好习惯。当你吃第一口直至吃最后一口时，其他一切都会运行起来，特别是如果你可以保持进食模式或时间。晚上限制光线，尤其是暴露在明亮的光线下，对于早点入睡和更长的睡眠时间有很大的帮助。锻炼会使你疲劳，同时改善大脑健康。我们知道，大部分可增强大脑健康的工作都是在你睡觉时进行的。

如果你当前正患有慢性疾病，请记住，逆转病程或减轻病情严重程度的最佳方法之一就是增强你的昼夜节律。我们已经开始看到许多人的例子，这些人一旦尝试了这些建议，就会找到全新的健康生活。有些甚至向我们报告说，他们不再需要服药。时间限制性饮食在昼夜节律和增强健康方面所扮演的角色不可低估。下表旨在提供使你和你的亲人采用时间限制性饮食的最佳动力。

限时饮食（TRE）可见的好处

随机饮食	限时饮食
肥胖	减少脂肪，增加肌肉
糖尿病	正常血糖
高胆固醇	正常胆固醇
心血管疾病	改善心脏功能，减少心律不齐
炎症	减少炎症
脂肪肝	健康的肝
癌症风险增加	癌症风险减少，更好的治疗效果
睡眠不好	更好的睡眠质量
肌肉功能受损	耐力增强
有害的肠道微生物群	健康的肠道微生物群
排便不规律	排便规律
肾病	健康的肾功能
运动协调性差	更好的运动协调性

增强昼夜节律并不是奇迹般的治愈方法，但与此同时，我希望你了解到药片中也没有魔法。通过将医生的建议与你在本书中学到的信息结合起来，你将竭尽所能，使自己变得更好，更健康。我期待你能做到。

致 谢

2015年6月，我受邀参加了在帕罗奥图（Palo Alto）Google校园举行的一个跨学科科学会议——Science Foo Camp。我讲了昼夜节律及其与健康的关系，但这一次，学术背景较弱的听众似乎比我平常授课的那些博士更感兴趣。这些具有不同背景和兴趣的人想进一步了解更多关于昼夜节律的科学知识，以及现在可以采取哪些措施来改善他们的健康和生产力。我意识到，尽管该领域有许多知名科学家撰写的专业书籍，但没有一本书能将这一新科学传播给更广泛的读者，以便人们在日常生活中使用这些信息。

会议的组织者和与会者之一琳达·斯通（Linda Stone）一直鼓励我写一本书。这本书的提纲是我与我的家人在多次餐桌讨论中形成的。我的妻子史密塔（Smita）和女儿史奈（Sneha）耐心地听我的科学解释，并敦促我进行简单的说明。每隔一段时间，当我好奇的母亲来看我时，她也会加入讨论。家人对我在实验室长时间的工作和旅行的耐心以及他们一如既往的支持是无价的。

在2017年3月的“接近未来”（Near Future）大会上看到我关于昼夜节律与健康的演讲后，玛丽亚·罗戴尔（Maria Rodale）邀请我为公众编写一本关于昼夜节律的书。时机再完美不过了。我已经拥有了我认为不错的大纲和内容。但当我开始写这本书的时候，我意识到我必须学习一种全新的方式来表达我的科学。帕姆·利弗兰德（Pam Liflander）帮我理清了思路，使任何人都能获得简单而可行的信息。我在罗代尔（Rodale）、玛丽莎·维甘特（Marisa Vigilante）、香农·韦尔奇（Shannon Welch）和丹妮尔·柯蒂斯（Danielle Curtis）编辑的帮助下进一步完善了这份手稿，并确保读者可以使用正确的参考文献。迈克尔·奥康纳（Michael O'Conner）仔细审阅了这份手稿，并提供了一份出色的编辑稿。最后，企鹅兰登书屋的爱丽丝·戴蒙德（Alyse Diamond）最终完成了这个项目。

我的同事们也提供了极大的帮助。在我的昼夜生物学科学生涯的第一阶段，我的导师是斯克里普斯研究所（Scripps Research Institute）的史蒂夫·凯（Steve Kay）和诺华研究基金会（Novartis Research Foundation）基因组研究所（Genomics Institute）的约翰·霍根内什（John Hogenesch）。史蒂夫（Steve）向我介绍了昼夜节律生物学领域以及该领域的许多领导者，我很高兴地认识了杰夫·霍尔（Jeff Hall）、迈克尔·罗斯巴什（Michael Rosbash）和迈克尔·杨（Michael Young），他们全都获得了诺贝尔生理学或医学奖。他们启发并影响了我的研究。我也从苏珊·高登（Susan Golden）、阿米诺·塞加尔（Amita Sehgal）、杰伊·邓拉普（Jay Dunlap）和近藤孝另（Takao Kondo）的基础科学工作中获得了灵感。约翰·霍根内什（John Hogenesch）促进了我在与人类健康相关的昼夜节律科学的深入研究。在 GNF 工作期间，我与 Joe Takahashi、彼得·舒而茨（Peter Schultz）、罗斯·范·盖尔特（Russ Van Gelder）、伊吉·普多晒西奥（Iggy Provencio）和加勒特·费茨杰多（Garret Fitzgerald）的合作带来了许多突破性的发现。这些合作一直在继续，史蒂夫和约翰都成为我终生的朋友。

我进入索尔克生物研究所之后开始了我科学职业生涯的下一个阶段。在那里，卓越的科学、共生关系以及可以对世界产生持久影响的一种强烈的动力，都为我的研究提供了动力。创始人乔纳斯·索尔克（Jonas Salk）博士的工作给了我特别的启发：他发明的脊髓灰质炎疫苗证明了预防是最好的治疗方法。索尔克研究所坚定不移地支持我进行了很多非传统的实验。我在索尔克（Salk）的主要合作者和同事包括罗恩·埃文斯（Ron

Evans)、马克·蒙尼（Mark Montminy)、英特尔·韦尔马（Inder Verma)、鲁斯蒂·盖奇（Rusty Gage)、马丁·古尔丁（Martyn Goulding)、鲁本·萧（Reuben Shaw）和乔·埃克（Joe Ecker)，他们帮助我进行了新陈代谢、神经科学、表观遗传学、再生、炎症和癌症方面的昼夜节律研究。此外，凯西·琼斯（Kathy Jones）和乔安妮·乔里（Joanne Chory）一直是我新想法和方向的源泉。

在索尔克研究所之外，我与新陈代谢和衰老领域的领导者——瓦尔特·隆戈（valter Longo)、马克·马特森（Mark Mattson)、伦纳德·加伦特（Leonard Guarente）和约翰·奥韦克斯（Johan auwerx）的合作和讨论，帮助我将限时饮食和昼夜节律科学与长寿科学结合起来。

我也很幸运能与一大批优秀的学生和实习生一起工作。他们在实验室里辛勤和长时间的工作打破了他们自己的昼夜节律，这使他们有可能检验这本书中描述的许多想法。我特别感谢耶普·勒（Hiep Le)、田中信蕃（Nobushige Tanaka)、克里斯多弗·沃尔莫斯（Christopher Vollmers)、服部惠（Megumi Hatori)、舒布罗兹·吉尔（Shubhroz Gill)、阿曼丁·夏克（Amandine Chaix)、阿米尔·扎哈帕尔（Amir Zarrinpar)、卢多维·莫瑞（Ludovic Mure)、卢千诺·迪塔其奥（Luciano DiTacchio)、平山雅（Masa Hirayama)、盖伯里尔·苏利（Gabrielle Sulli）和艾米丽·马诺吉安（Emily Manoogian)。我与《经济学人》的罗茜·布劳（Rosie Blau）和建筑师弗雷德里克·马克斯（Frederick Marks）进行了无数次讨论，这帮助我们总结出如何在日常生活中采用昼夜节律照明。我也要感谢我的医生朋友朱莉·韦·沙茨（Julie Wei-Shatzel)、迈克尔·赖特（C. Michael Wright）和帕梅拉·陶布（Pamela Taub)，他们一直在指导他们的患者进行限时饮食。

我还要感谢来自各单位的研究资助：美国国立卫生研究院、美国国防部、国土安全部、赫尔姆斯利慈善信托基金（Leona M. and Harry B. Helmsley)、皮尤慈善信托基金、美国衰老研究联盟、葛兰医学研究基金会

（the Glenn Foundation for Medical Research）、美国糖尿病协会、世界癌症研究中心、布朗基金会（the Joe W. and Dorothy Dorsett Brown Foundation）、查普曼慈善信托基金会（H. A. and Mary K. Chapman Charitable Trust），以及欧文博士夫妇（Dr. and Mrs. Irwin）和琼·雅格斯（Joan Jacobs）。

最后，通过 myCircadianClock. org 网站和研究应用程序，成千上万的人开始了解他们自己的昼夜节律，并分享了他们通过遵循这本书中学到的经验从而实现的积极的健康变化。我感谢所有这些人，尤其是那些同意被纳入本书的勇敢的人。

参考文献

前言

1. F. Damiola et al., "Restricted Feeding Uncouples Circadian Oscillators in Peripheral Tissues from the Central Pacemaker in the Suprachiasmatic Nucleus," *Genes and Development* 14 (2000): 2950-61.

2. K. A. Stokkan et al., "Entrainment of the Circadian Clock in the Liver by Feeding," *Science* 291 (2001): 490-93.

3. M. P. St-Onge, et al., "Meal Timing and Frequency: Implications for Cardiovascular Disease Prevention: A Scientific Statement from the American Heart Association," *Circulation* 135, no. 9 (2017): e96-e121.

第1章

1. D. Fischer et al., "Chronotypes in the US—Influence of Age and Sex," *PLoS ONE* 12 (2017): e0178782.

2. T. Roenneberg et al., "Epidemiology of the Human Circadian Clock," *Sleep Medicine Reviews* 11, no. 6 (2007): 429-38.

3. L. Kaufman, "Your Schedule Could Be Killing You," *Popular Science*, September/October 2017, https://www.popsci.com/your-schedule-could-be-killing-you.

4. J. Li et al., "Parents' Nonstandard Work Schedules and Child Well-Being: A Critical Review of the Literature," *Journal of Primary Prevention* 35, no. 1 (2014): 53-73.

5. D. L. Brown et al., "Rotating Night Shift Work and the Risk of Ischemic Stroke," *American Journal of Epidemiology* 169, no. 11 (2009): 1370-77.

6. M. Conlon, N. Lightfoot, and N. Kreiger, "Rotating Shift Work and Risk of Prostate Cancer," *Epidemiology* 18, no. 1 (2007): 182-83.

7. S. Davis, D. K. Mirick, and R. G. Stevens, "Night Shift Work, Light at Night, and Risk of Breast Cancer," *Journal of the National Cancer Institute* 93, no. 20 (2001): 1557-62.

8. C. Hublin et al., "Shift-Work and Cardiovascular Disease: A Population-Based 22-Year

Follow-Up Study," *European Journal of Epidemiology* 25, no. 5 (2010): 315-23.

9. B. Karlsson, A. Knutsson, and B. Lindahl, "Is There an Association between Shift Work and Having a Metabolic Syndrome? Results from a Population Based Study of 27,485 people," *Occupational & Environmental Medicine* 58, no. 11 (2001): 747-52.

10. T. A. Lahti et al., "Night-Time Work Predisposes to Non-Hodgkin Lymphoma," *International Journal of Cancer* 123, no. 9 (2008): 2148-51.

11. S. P. Megdal et al., "Night Work and Breast Cancer Risk: A Systematic Review and Meta-Analysis," *European Journal of Cancer* 41, no. 13 (2005): 2023-32.

12. F. A. Scheer et al., "Adverse Metabolic and Cardiovascular Consequences of Circadian Misalignment," *Proceedings of the National Academy of Sciences of the United States of America* 106, no. 11 (2009): 4453-58.

13. E. S. Schernhammer et al., "Night-Shift Work and Risk of Colorectal Cancer in the Nurses' Health Study," *Journal of the National Cancer Institute* 95, no. 11 (2003): 825-28.

14. E. S. Schernhammer et al., "Rotating Night Shifts and Risk of Breast Cancer in Women Participating in the Nurses' Health Study," *Journal of the National Cancer Institute* 93, no. 20 (2001): 1563-68.

15. S. Sookoian et al., "Effects of Rotating Shift Work on Biomarkers of Metabolic Syndrome and Inflammation," *Journal of Internal Medicine* 261, no. 3 (2007): 285-92.

16. A. N. Viswanathan, S. E. Hankinson, and E. S. Schernhammer, "Night Shift Work and the Risk of Endometrial Cancer," *Cancer Research* 67 no. 21 (2007): 10618-22.

17. E. S. Soteriades et al., "Obesity and Cardiovascular Disease Risk Factors in Firefighters: A Prospective Cohort Study," *Obesity Research* 13, no. 10 (2005): 1756-63.

18. E. S. Soteriades et al., "Cardiovascular Disease in US Firefighters: A Systematic Review," *Cardiology in Review* 19, no. 4 (2011): 202-15.

19. K. Straif et al., "Carcinogenicity of Shift-Work, Painting, and Fire-Fighting," *Lancet Oncology* 8, no. 12 (2007): 1065-66.

20. International Air Transport Association, "New Year's Day 2014 Marks 100 Years of Commercial Aviation," press release, http://www.iata.org/pressroom/pr/Pages/ 2013-12-30-01.aspx.

21. J.-J. de Mairan, "Observation Botanique," *Histoire de l'Academie Royale des Sciences* (1729): 35-36.

22. J. Aschoff, "Exogenous and endogenous components in circadian rhythms," *Cold Spring Harbor Symposia on Quantitative Biology* 25 (1960): 11-28.

23. J. Aschoff and R. Wever, "Spontanperiodik des Menschen bei Ausschluß aller Zeitgeber," *Naturwissenschaften* 49, no. 15 (1962): 337-42.

24. C. J. Morris, D. Aeschbach, and F. A. Scheer, "Circadian System, Sleep, and Endocrinology," *Molecular and Cellular Endocrinology* 349, no. 1 (2012): 91-104.

25. R. N. Carmody and R. W. Wrangham, "The Energetic Significance of Cooking," *Journal of Human Evolution* 57, no. 4 (2009): 379-91.

26. R. N. Carmody, G. S. Weintraub, and R. W. Wrangham, "Energetic Consequences of Thermal and Nonthermal Food Processing," *Proceedings of the National Academy of Sciences of the United States of America* 108, no. 48 (2011): 19199-203.

27. P. W. Wiessner, "Embers of Society: Firelight Talk among the Ju/'hoansi Bushmen," *Proceedings of the National Academy of Sciences of the United States of America* 111, no. 39 (2014): 14027-35.

28. R. Fouquet and P. J. G. Pearson, "Seven Centuries of Energy Services: The Price and Use of Light in the United Kingdom (1300-2000)," *Energy Journal* 27, no. 1 (2006): 139-77.

29. G. Yetish et al., "Natural Sleep and Its Seasonal Variations in Three Pre-Industrial Societies," *Current Biology* 25, no. 21 (2015): 2862-68.

30. H. O. de la Iglesia et al., "Ancestral Sleep," *Current Biolog*y 26, no. 7 (2016): R271-72.

31. H. O. de la Iglesia et al., "Access to Electric Light Is Associated with Shorter Sleep Duration in a Traditionally Hunter-Gatherer Community," *Journal of Biological Rhythms* 30, no. 4 (2015): 342-50.

32. R. G. Foster et al., "Circadian Photoreception in the Retinally Degenerate Mouse (rd/rd)," *Journal of Comparative Physiology A* 169, no. 1 (1991): 39-50.

33. M. S. Freeman et al., "Regulation of Mammalian Circadian Behavior by Non-Rod, Non-Cone, Ocular Photoreceptors," *Science* 284, no. 5413 (1999): 502-4.

34. R. J. Lucas et al., "Regulation of the Mammalian Pineal by Non-Rod, Non-Cone, Ocular Photoreceptors," *Science* 284, no. 5413 (1999): 505-7.

35. S. Panda et al., "Melanopsin (Opn4) Requirement for Normal Light-Induced Circadian Phase Shifting," *Science* 298, no. 5601 (2002): 2213-16.

36. N. F. Ruby et al., "Role of Melanopsin in Circadian Responses to Light," *Science* 298, no. 5601 (2002): 2211-13.

37. S. Hattar et al., "Melanopsin-Containing Retinal Ganglion Cells: Architecture, Projections, and Intrinsic Photosensitivity," *Science* 295, no. 5557 (2002): 1065-70.

38. D. M. Berson, F. A. Dunn, and M. Takao, "Phototransduction by Retinal Ganglion Cells That Set the Circadian Clock," *Science* 295, no. 5557 (2002): 1070-73.

39. I. Provencio et al., "Melanopsin: An Opsin in Melanophores, Brain, and Eye," *Proceedings of the National Academy of Sciences of the United States of America* 95, no. 1 (1998): 340-45.

第2章

1. R. J. Konopka and S. Benzer, "Clock Mutants of *Drosophila melanogaster*," *Proceedings of the National Academy of Sciences of the United States of America* 68, no. 9 (1971): 2112-16.

2. S. Panda et al., "Coordinated Transcription of Key Pathways in the Mouse by the

Circadian Clock," *Cell* 109, no. 3 (2002): 307-20.

3. D. K. Welsh, J. S. Takahashi, and S. A. Kay, "Suprachiasmatic Nucleus: Cell Autonomy and Network Properties," *Annual Review of Physiology* 72 (2010): 551-77.

4. R. E. Fargason et al., "Correcting Delayed Circadian Phase with Bright Light Therapy Predicts Improvement in ADHD Symptoms: A Pilot Study," *Journal of Psychiatric Research* 91 (2017): 105-10.

5. T. Roenneberg et al., "Epidemiology of the Human Circadian Clock," *Sleep Medicine Reviews* 11, no. 6 (2007): 429-38.

6. K. L. Toh et al., "An hPer2 Phosphorylation Site Mutation in Familial Advanced Sleep Phase Syndrome," *Science* 291, no. 5506 (2001): 1040-43.

7. Y. He et al., "The Transcriptional Repressor DEC2 Regulates Sleep Length in Mammals," *Science* 325, no. 5942 (2009): 866-70.

8. K. P. Wright, Jr. et al., "Entrainment of the Human Circadian Clock to the Natural Light-Dark Cycle," *Current Biology* 23, no. 16 (2013): 1554-58.

9. C. Vollmers et al., "Time of Feeding and the Intrinsic Circadian Clock Drive Rhythms in Hepatic Gene Expression," *Proceedings of the National Academy of Sciences of the United States of America* 106, no. 50 (2009): 21453-58.

10. D. M. Edgar et al., "Influence of Running Wheel Activity on Free-Running Sleep/Wake and Drinking Circadian Rhythms in Mice," *Physiology & Behavior* 50, no. 2 (1991): 373-78.

11. S. Brand et al., "High Exercise Levels Are Related to Favorable Sleep Patterns and Psychological Functioning in Adolescents: A Comparison of Athletes and Controls," *Journal of Adolescent Health* 46, no. 2 (2010): 133-41.

12. K. J. Reid et al., "Aerobic Exercise Improves Self-Reported Sleep and Quality of Life in Older Adults with Insomnia," *Sleep Medicine* 11, no. 9 (2010): 934-40.

13. S. S. Tworoger et al., "Effects of a Yearlong Moderate-Intensity Exercise and a Stretching Intervention on Sleep Quality in Postmenopausal Women," *Sleep* 26, no. 7 (2003): 830-36.

14. E. J. van Someren et al., "Long-Term Fitness Training Improves the Circadian Rest-Activity Rhythm in Healthy Elderly Males," *Journal of Biological Rhythms* 12, no. 2 (1997): 146-56.

第3章

1. F. C. Bell and M. L. Miller, "Life Tables for the United States Social Security Area 1900-2100," *Social Security Administration*, https://www.ssa.gov/oact/NOTES/as120/LifeTables_Body.html.

2. C. R. Marinac et al., "Prolonged Nightly Fasting and Breast Cancer Prognosis," *JAMA Oncology* 2, no. 8 (2016): 1049-55.

3. A. J. Davidson et al., "Chronic Jet-Lag Increases Mortality in Aged Mice," *Current Biology* 16, no. 21 (2006): R914-16.

4. D. C. Mohren et al., "Prevalence of Common Infections Among Employees in Different Work Schedules," *Journal of Occupational and Environmental Medicine* 44, no. 11 (2002): 1003-11.

5. N. J. Schork, "Personalized Medicine: Time for One-Person Trials," *Nature* 520, no. 7549 (2015): 609-11.

6. B. J. Hahm et al., "Bedtime Misalignment and Progression of Breast Cancer," *Chronobiology International* 31, no. 2 (2014): 214-21.

7. E. L. McGlinchey et al., "The Effect of Sleep Deprivation on Vocal Expression of Emotion in Adolescents and Adults," *Sleep* 34, no. 9 (2011): 1233-41.

8. S. J. Wilson et al., "Shortened Sleep Fuels Inflammatory Responses to Marital Conflict: Emotion Regulation Matters," *Psychoneuroendocrinology* 79 (2017): 74-83.

9. S. Gill and S. Panda, "A Smartphone App Reveals Erratic Diurnal Eating Patterns in Humans That Can Be Modulated for Health Benefits," *Cell Metabolism* 22, no. 5 (2015): 789-98.

10. Ibid.

11. N. J. Gupta, V. Kumar, and S. Panda, "A Camera-Phone Based Study Reveals Erratic Eating Pattern and Disrupted Daily Eating-Fasting Cycle among Adults in India," *PLoS ONE* 12, no. 3 (2017): e0172852.

12. M. Ohayon et al., "National Sleep Foundation's Sleep Quality Recommendations: First Report," *Sleep Health* 3, no. 1 (2017): 6-19.

13. M. Hirshkowitz et al., "National Sleep Foundation's Sleep Time Duration Recommendations: Methodology and Results Summary," *Sleep Health* 1, no. 1 (2015): 40-43.

14. M. Hirshkowitz et al., "National Sleep Foundation's Updated Sleep Duration Recommendations: Final Report," *Sleep Health* 1, no. 4 (2015): 233-43.

第4章

1. M. Hirshkowitz et al., "National Sleep Foundation's Sleep Time Duration Recommendations: Methodology and Results Summary," *Sleep Health* 1, no. 1 (2015): 40-43.

2. M. Hirshkowitz et al., "National Sleep Foundation's Updated Sleep Duration Recommendations: Final Report," *Sleep Health* 1, no. 4 (2015): 233-43.

3. D. F. Kripke et al., "Mortality Associated with Sleep Duration and Insomnia," *Archives of General Psychiatry* 59, no. 2 (2002): 131-36.

4. G. Yetish et al., "Natural Sleep and Its Seasonal Variations in Three Pre-Industrial Societies," *Current Biology* 25, no. 21 (2015): 2862-68.

5. H. O. de la Iglesia et al., "Access to Electric Light Is Associated with Shorter Sleep Duration in a Traditionally Hunter-Gatherer Community," *Journal of Biological Rhythms* 30,

no. 4 (2015): 342-50.

6. A. M. Williamson and A. M. Feyer, "Moderate Sleep Deprivation Produces Impairments in Cognitive and Motor Performance Equivalent to Legally Prescribed Levels of Alcohol Intoxication," *Occupational & Environmental Medicine* 57, no. 10 (2000): 649-55.

7. H. P. van Dongen et al., "The Cumulative Cost of Additional Wakefulness: Dose-Response Effects on Neurobehavioral Functions and Sleep Physiology from Chronic Sleep Restriction and Total Sleep Deprivation," *Sleep* 26, no. 2 (2003): 117-26.

8. R. E. Fargason et al., "Correcting Delayed Circadian Phase with Bright Light Therapy Predicts Improvement in ADHD Symptoms: A Pilot Study," *Journal of Psychiatric Research* 91 (2017): 105-10.

9. N. Kronfeld-Schor and H. Einat, "Circadian Rhythms and Depression: Human Psychopathology and Animal Models," *Neuropharmacology* 62, no. 1 (2012): 101-14.

10. M. E. Coles, J. R. Schubert, and J. A. Nota, "Sleep, Circadian Rhythms, and Anxious Traits," *Current Psychiatry Reports* 17, no. 9 (2015): 73.

11. S. E. Anderson et al., "Self-Regulation and Household Routines at Age Three and Obesity at Age Eleven: Longitudinal Analysis of the UK Millennium Cohort Study," *International Journal of Obesity* 41, no. 10 (2017): 1459-66.

12. A. W. McHill et al., "Impact of Circadian Misalignment on Energy Metabolism during Simulated Nightshift Work," *Proceedings of the National Academy of Sciences of the United States of America* 111, no. 48 (2014): 17302-7.

13. B. Martin, M. P. Mattson, and S. Maudsley, "Caloric Restriction and Intermittent Fasting: Two Potential Diets for Successful Brain Aging," *Ageing Research Reviews* 5, no. 3 (2006): 332-53.

14. S. Gill and S. Panda, "A Smartphone App Reveals Erratic Diurnal Eating Patterns in Humans That Can Be Modulated for Health Benefits," *Cell Metabolism* 22, no. 5 (2015): 789-98.

15. S. J. Crowley and C. I. Eastman, "Human Adolescent Phase Response Curves to Bright White Light," *Journal of Biological Rhythms* 32, no. 4 (2017): 334-44.

16. J. A. Evans et al., "Dim Nighttime Illumination Alters Photoperiodic Responses of Hamsters through the Intergeniculate Leaflet and Other Photic Pathways," *Neuroscience* 202 (2012): 300-308.

17. L. S. Gaspar et al., "Obstructive Sleep Apnea and Hallmarks of Aging," *Trends in Molecular Medicine* 23, no. 8 (2017): 675-92.

18. E. Ferracioli-Oda, A. Qawasmi, and M. H. Bloch, "Meta-Analysis: Melatonin for the Treatment of Primary Sleep Disorders," *PLoS ONE* 8, no. 5 (2013): e63773.

第5章

1. C. M. McCay and M. F. Crowell, "Prolonging the Life Span," *Scientific Monthly* 39,

no. 5 (1934): 405-14.

2. S. K. Das, P. Balasubramanian, and Y. K. Weerasekara, "Nutrition Modulation of Human Aging: The Calorie Restriction Paradigm," *Molecular and Cellular Endocrinology* 455 (2017): 148-57.

3. A. Kohsaka et al., "High-Fat Diet Disrupts Behavioral and Molecular Circadian Rhythms in Mice," *Cell Metabolism* 6, no. 5 (2007): 414-21.

4. M. Hatori et al., "Time-Restricted Feeding without Reducing Caloric Intake Prevents Metabolic Diseases in Mice Fed a High-Fat Diet," *Cell Metabolism* 15, no. 6 (2012): 848-60.

5. A. Chaix et al., "Time-Restricted Feeding Is a Preventative and Therapeutic Intervention against Diverse Nutritional Challenges," *Cell Metabolism* 20, no. 6 (2014): 991-1005.

6. A. Zarrinpar et al., "Diet and Feeding Pattern Affect the Diurnal Dynamics of the Gut Microbiome," *Cell Metabolism* 20, no. 6 (2014): 1006-17.

7. V. A. Acosta-Rodriguez et al., "Mice under Caloric Restriction Self-Impose a Temporal Restriction of Food Intake as Revealed by an Automated Feeder System," *Cell Metabolism* 26, no. 1 (2017): 267-77.e2.

8. M. Garaulet et al., "Timing of Food Intake Predicts Weight Loss Effectiveness," *International Journal of Obesity* 37, no. 4 (2013): 604-11.

9. S. Gill and S. Panda, "A Smartphone App Reveals Erratic Diurnal Eating Patterns in Humans That Can Be Modulated for Health Benefits," *Cell Metabolism* 22, no. 5 (2015): 789-98.

10. T. Moro et al., "Effects of Eight Weeks of Time-Restricted Feeding (16/8) on Basal Metabolism, Maximal Strength, Body Composition, Inflammation, and Cardiovascular Risk Factors in Resistance-Trained Males," *Journal of Translational Medicine* 14 (2016): 290.

11. J. Rothschild et al., "Time-Restricted Feeding and Risk of Metabolic Disease: A Review of Human and Animal Studies," *Nutrition Reviews* 72, no. 5 (2014): 308-18.

12. T. Ruiz-Lozano et al., "Timing of Food Intake Is Associated with Weight Loss Evolution in Severe Obese Patients after Bariatric Surgery," *Clinical Nutrition* 35, no. 6 (2016): 1308-14.

13. A. W. McHill et al., "Later Circadian Timing of Food Intake Is Associated with Increased Body Fat," *American Journal of Clinical Nutrition* 106, no. 6 (2017): 1213-19.

14. National Institute of Diabetes and Digestive and Kidney Diseases, "Digestive Diseases Statistics for the United States," https://www.niddk.nih.gov/health-information/health-statistics/digestive-diseases.

15. McHill, "Later Circadian Timing."

16. J. Suez et al., "Artificial Sweeteners Induce Glucose Intolerance by Altering the Gut Microbiota," *Nature* 514, no. 7521 (2014): 181-86.

第6章

1. J. S. Durmer and D. F. Dinges, "Neurocognitive Consequences of Sleep Deprivation,"

Seminars in Neurology 25, no. 1 (2005): 117-29.

2. S. M. Greer, A. N. Goldstein, and M. P. Walker, "The Impact of Sleep Deprivation on Food Desire in the Human Brain," *Nature Communications* 4 (2013): article no. 2259.

3. R. Stickgold, "Sleep-Dependent Memory Consolidation," *Nature* 437, no. 7063 (2005): 1272-78.

4. T. A. LeGates et al., "Aberrant Light Directly Impairs Mood and Learning through Melanopsin-Expressing Neurons,"*Nature* 491, no. 7425 (2012): 594-98.

5. M. Boubekri, et al., "Impact of Windows and Daylight Exposure on Overall Health and Sleep Quality of Office Workers: A Case-Control Pilot Study," *Journal of Clinical Sleep Medicine* 10, no. 6 (2014): 603-11.

6. P. Meerlo, A. Sgoifo, and D. Suchecki, "Restricted and Disrupted Sleep: Effects on Autonomic Function, Neuroendocrine Stress Systems and Stress Responsivity," *Sleep Medicine Reviews* 12, no. 3 (2008):197-210.

7. J. A. Foster and K. A. McVey Neufeld, "Gut-Brain Axis: How the Microbiome Influences Anxiety and Depression," *Trends in Neurosciences* 36, no. 5 (2013): 305-12.

8. S. J. Kentish and A. J. Page, "Plasticity of Gastro-Intestinal Vagal Afferent Endings," *Physiology & Behavior* 136 (2014): 170-78.

9. L. A. Reyner et al., "'Post-Lunch' Sleepiness During Prolonged, Monotonous Driving—Effects of Meal Size," *Physiology & Behavior* 105, no. 4 (2012): 1088-91.

10. M. S. Ganio, et al., "Mild Dehydration Impairs Cognitive Performance and Mood of Men," *British Journal of Nutrition* 106, no. 10 (2011): 1535-43.

11. T. Partonen and J. Lönnqvist, "Bright Light Improves Vitality and Alleviates Distress in Healthy People," *Journal of Affective Disorders* 57, no. 1-3 (2000): 55-61.

12. D. H. Avery et al., "Bright Light Therapy of Subsyndromal Seasonal Affective Disorder in the Workplace: Morning vs. Afternoon Exposure," *Acta Psychiatrica Scandinavica* 103, no. 4 (2001): 267-74.

13. C. Cajochen et al., "Evening Exposure to a Light-Emitting Diodes (LED)-Backlit Computer Screen Affects Circadian Physiology and Cognitive Performance," *Journal of Applied Physioliology* 110, no. 5 (2011): 1432-38.

14. A. M. Chang et al., "Evening Use of Light-Emitting eReaders Negatively Affects Sleep, Circadian Timing, and Next-Morning Alertness," *Proceedings of the National Academy of Sciences of the United States of America* 112, no. 4 (2015): 1232-37.

15. M. P. Mattson and R. Wan, "Beneficial Effects of Intermittent Fasting and Caloric Restriction on the Cardiovascular and Cerebrovascular Systems," *Journal of Nutritional Biochemistry* 16, no. 3 (2005): 129-37.

16. R. K. Dishman et al., "Neurobiology of Exercise," *Obesity* 14, no. 3 (2006): 345-56.

17. E. Guallar, "Coffee Gets a Clean Bill of Health,"*BMJ* 359 (2017): j5356.

18. R. Poole et al., "Coffee Consumption and Health: Umbrella Review of Meta-Analyses of Multiple Health Outcomes,"*BMJ* 359 (2017): j5024.

19. I. Clark and H. P. Landolt, "Coffee, Caffeine, and Sleep: A Systematic Review of Epidemiological Studies and Randomized Controlled Trials," *Sleep Medicine Reviews* 31 (2017): 70-78.

20. J. Shearer and T. E. Graham, "Performance Effects and Metabolic Consequences of Caffeine and Caffeinated Energy Drink Consumption on Glucose Disposal," *Nutrition Reviews* 72, Suppl. 1 (2014): 121-36.

21. T. M. Burke et al., "Effects of Caffeine on the Human Circadian Clock In Vivo and In Vitro," *Science Translational Medicine* 7, no. 35 (2015): 305ra146.

22. S. Grossman, "These Are the Most Popular Starbucks Drinks Across the U.S.," *Time*, July 1, 2014.

23. H. P. van Dongen and D. F. Dinges, "Sleep, Circadian Rhythms, and Psychomotor Vigilance," *Clinics in Sports Medicine* 24, no. 2 (2005): 237-49.

24. B. L. Smarr, "Digital Sleep Logs Reveal Potential Impacts of Modern Temporal Structure on Class Performance in Different Chronotypes," *Journal of Biological Rhythms* 30, no. 1 (2015): 61-67.

25. K. Wahlstrom, "Changing Times: Findings from the First Longitudinal Study of Later High School Start Times," *National Association of Secondary School Principals Bulletin* 86, no. 633 (2002): 3-21.

26. J. Boergers, C. J. Gable, and J. A. Owens, "Later School Start Time Is Associated with Improved Sleep and Daytime Functioning in Adolescents," *Journal of Developmental and Behavioral Pediatrics* 35, no. 1 (2014): 11-17.

27. J. A. Owens, K. Belon, and P. Moss, "Impact of Delaying School Start Time on Adolescent Sleep, Mood, and Behavior," *Archives of Pediatric & Adolescent Medicine* 164, no. 7 (2010): 608-14.

第7章

1. M. S. Tremblay et al., "Physiological and Health Implications of a Sedentary Lifestyle," *Applied Physiology, Nutrition, and Metabolism* 35, no. 6 (2010): 725-40.

2. T. Althoff et al., "Large-Scale Physical Activity Data Reveal Worldwide Activity Inequality," *Nature* 547, no. 7663 (2017): 336-39.

3. D. R. Bassett, P. L. Schneider, and G. E. Huntington, "Physical Activity in an Old Order Amish Community," *Medicine and Science in Sports and Exercise* 36, no. 1 (2004): 79-85.

4. H. O. de la Iglesia et al., "Access to Electric Light Is Associated with Shorter Sleep Duration in a Traditionally Hunter-Gatherer Community," *Journal of Biological Rhythms* 30, no. 4 (2015): 342-50.

5. T. Kubota et al., "Interleukin-15 and Interleukin-2 Enhance Non-REM Sleep in Rabbits," *American Journal of Physiology: Regulatory Integrative and Comparative Physiology*

281, no. 3 (2001): R1004-12.

6. Y. Li et al., "Association of Serum Irisin Concentrations with the Presence and Severity of Obstructive Sleep Apnea Syndrome," *Journal of Clinical Laboratory Analysis* 31, no. 5 (2016): e22077.

7. K. M. Awad et al., "Exercise Is Associated with a Reduced Incidence of Sleep-Disordered Breathing," *American Journal of Medicine* 125, no. 5 (2012): 485-90.

8. J. C. Ehlen et al., "*Bmal 1* Function in Skeletal Muscle Regulates Sleep," *eLife* 6 (2017): e26557.

9. E. Steidle-Kloc et al., "Does Exercise Training Impact Clock Genes in Patients with Coronary Artery Disease and Type 2 Diabetes Mellitus?" *European Journal of Preventive Cardiology* 23, no. 13 (2016): 1375-82.

10. N. Yang, and Q. J. Meng, "Circadian Clocks in Articular Cartilage and Bone: A Compass in the Sea of Matrices," *Journal of Biological Rhythms* 31, no. 5 (2016): 415-27.

11. E. A. Schroder et al., "Intrinsic Muscle Clock Is Necessary for Musculoskeletal Health," *Journal of Physiology* 593, no. 24 (2015): 5387-404.

12. S. Aoyama and S. Shibata, "The Role of Circadian Rhythms in Muscular and Osseous Physiology and Their Regulation by Nutrition and Exercise," *Frontiers in Neuroscience* 11 (2017): article no. 63.

13. E. Woldt et al., "Rev-erb-a Modulates Skeletal Muscle Oxidative Capacity by Regulating Mitochondrial Biogenesis and Autophagy," *Nature Medicine* 19, no. 8 (2013): 1039-46.

14. H. van Praag et al., "Running Enhances Neurogenesis, Learning, and Long-Term Potentiation in Mice," *Proceedings of the National Academy of Sciences of the United States of America* 96, no. 23 (1999): 13427-31.

15. J. L. Yang et al., "BDNF and Exercise Enhance Neuronal DNA Repair by Stimulating CREB-Mediated Production of Apurinic/Apyrimidinic Endonuclease 1," *NeuroMolecular Medicine* 16, no. 1 (2014): 161-74.

16. S. M. Nigam et al., "Exercise and BDNF Reduce Aβ Production by Enhancing A-Secretase Processing of APP," *Journal of Neurochemistry* 142, no. 2 (2017): 286-96.

17. W. D. van Marken Lichtenbelt et al., "Cold-Activated Brown Adipose Tissue in Healthy Men," *New England Journal of Medicine* 360, no. 15 (2009): 1500-1508.

18. V. Ouellet et al., "Brown Adipose Tissue Oxidative Metabolism Contributes to Energy Expenditure During Acute Cold Exposure in Humans," *Journal of Clinical Investigation* 122, no. 2 (2012): 545-52.

19. E. Thun et al., "Sleep, Circadian Rhythms, and Athletic Performance," *Sleep Medicine Reviews* 23 (2015): 1-9.

20. E. Facer-Childs and R. Brandstaetter, "The Impact of Circadian Phenotype and Time Since Awakening on Diurnal Performance in Athletes," *Current Biology* 25, no. 4 (2015): 518-22.

21. R. S. Smith, C. Guilleminault, and B. Efron, "Circadian Rhythms and Enhanced Athletic Performance in the National Football League," *Sleep* 20, no. 5 (1997): 362-65.

22. N. A. King, V. J. Burley, and J. E. Blundell, "Exercise-Induced Suppression of Appetite: Effects on Food Intake and Implications for Energy Balance," *European Journal of Clinical Nutrition* 48, no. 10 (1994): 715-24.

23. E. A. Richter and M. Hargreaves, "Exercise, GLUT4, and Skeletal Muscle Glucose Uptake," *Physiological Reviews* 93, no. 3 (2013): 993-1017.

24. E. van Cauter et al., "Nocturnal Decrease in Glucose Tolerance during Constant Glucose Infusion," *Journal of Clinical Endocrinology and Metabolism* 69, no. 3 (189): 604-11.

25. J. Sturis et al., "24-Hour Glucose Profiles during Continuous or Oscillatory Insulin Infusion: Demonstration of the Functional Significance of Ultradian Insulin Oscillations," *Journal of Clinical Investigation* 95, no. 4 (1995): 1464-71.

26. H. H. Fullagar et al., "Sleep and Athletic Performance: The Effects of Sleep Loss on Exercise Performance, and Physiological and Cognitive Responses to Exercise," *Sports Medicine* 45, no. 2 (2015): 161-86.

27. A. Chaix et al., "Time-Restricted Feeding Is a Preventative and Therapeutic Intervention against Diverse Nutritional Challenges," *Cell Metabolism* 20, no. 6 (2014): 991-1005.

第8章

1. R. M. Lunn et al., "Health Consequences of Electric Lighting Practices in the Modern World: A Report on the National Toxicology Program's Workshop on Shift Work at Night, Artificial Light at Night, and Circadian Disruption," *Science of Total Environment* 607-8 (2017): 1073-84.

2. C. A. Czeisler et al., "Bright Light Induction of Strong (Type 0) Resetting of the Human Circadian Pacemaker," *Science* 244, no. 4910 (1989): 1328-33.

3. J. Xu et al., "Altered Activity-Rest Patterns in Mice with a Human Autosomal-Dominant Nocturnal Frontal Lobe Epilepsy Mutation in the β2 Nicotinic Receptor," *Molecular Psychiatry* 16, no. 10 (2011): 1048-61.

4. L. A. Kirkby and M. B. Feller, "Intrinsically Photosensitive Ganglion Cells Contribute to Plasticity in Retinal Wave Circuits," *Proceedings of the National Academy of Sciences of the United States of America* 110, no. 29 (2013): 12090-95.

5. J. M. Renna, S. Weng, and D. M. Berson, "Light Acts through Melanopsin to Alter Retinal Waves and Segregation of Retinogeniculate Afferents," *Nature Neuroscience* 14, no. 7 (2011): 827-29.

6. J. Parent, W. Sanders, and R. Forehand, "Youth Screen Time and Behavioral Health Problems: The Role of Sleep Duration and Disturbances," *Journal of Developmental and Behavioral Pediatrics* 37, no. 4 (2016): 277-84.

7. The Nielsen Total Audience Report: Q2 2017, http://www.nielsen.com/us/en/insights/reports/2017/the-nielsen-total-audience-q2-2017.html.

8. I. Provencio et al., "Melanopsin: An Opsin in Melanophores, Brain, and Eye," *Proceedings of the National Academy of Sciences of the United States of America* 95, no. 1 (1998): 340-45.

9. P. A. Good, R. H. Taylor, and M. J. Mortimer, "The Use of Tinted Glasses in Childhood Migraine," *Headache* 31 (1991): 533-536.

10. S. Vásquez-Ruiz et al., "A Light/Dark Cycle in the NICU Accelerates Body Weight Gain and Shortens Time to Discharge in Preterm Infants," *Early Human Development* 90, no. 9 (2014): 535-40.

11. P. A. Regidor et al., "Identification and Prediction of the Fertile Window with a New Web-Based Medical Device Using a Vaginal Biosensor for Measuring the Circadian and Circamensual Core Body Temperature," *Gynecological Endocrinology* 34, no. 3 (2018): 256-60.

12. X. Li et al., "Digital Health: Tracking Physiomes and Activity Using Wearable Biosensors Reveals Useful Health-Related Information," *PLoS Biology* 15, no. 1 (2017): e2001402.

13. C. Skarke et al., "A Pilot Characterization of the Human Chronobiome," *Scientific Reports* 7 (2017): article no. 17141.

14. D. Zeevi et al., "Personalized Nutrition by Prediction of Glycemic Responses," *Cell* 163, no. 5 (2015): 1079-94.

第9章

1. J. G. Moore, "Circadian Dynamics of Gastric Acid Secretion and Pharmacodynamics of H2 Receptor Blockade," *Annals of the New York Academy of Sciences* 618 (1991): 150-58.

2. K. Spiegel et al., "Brief Communication: Sleep Curtailment in Healthy Young Men Is Associated with Decreased Leptin Levels, Elevated Ghrelin Levels, and Increased Hunger and Appetite," *Annals of Internal Medicine* 141, no. 11 (2004): 846-50.

3. S. Taheri et al., "Short Sleep Duration Is Associated with Reduced Leptin, Elevated Ghrelin, and Increased Body Mass Index," *PLoS Medicine* 1, no. 3 (2004): e62.

4. J. Bradwejn, D. Koszycki, and G. Meterissian, Cholecystokinin-tetrapeptide Induces Panic Attacks in Patients with Panic Disorder. *Can J Psychiatry* 35 (1990): 83-85.

5. L. M. Ubaldo-Reyes, R. M. Buijs, C. Escobar, and M. Angeles-Castellanos, "Scheduled Meal Accelerates Entrainment to a 6-H Phase Advance by Shifting Central and Peripheral Oscillations in Rats," *European Journal of Neuroscience* 46, no. 3 (2017): 1875-86.

6. C. A. Thaiss et al., "Transkingdom Control of Microbiota Diurnal Oscillations Promotes Metabolic Homeostasis," *Cell* 159, no. 3 (2014): 514-29.

7. P. J. Turnbaugh et al., "Diet-Induced Obesity is Linked to Marked but Reversible

Alterations in the Mouse Distal Gut Microbiome,"*Cell Host & Microbe* 3, no. 4 (2008): 213-23.

8. Thaiss, "Transkingdom Control of Microbiota Diurnal Oscillations."

9. A. Zarrinpar et al., "Diet and Feeding Pattern Affect the Diurnal Dynamics of the Gut Microbiome,"*Cell Metabolism* 20, no. 6 (2014): 1006-17.

10. J. A. Foster and K. A. McVey Neufeld, "Gut-Brain Axis: How the Microbiome Influences Anxiety and Depression,"*Trends in Neurosciences* 36, no. 5 (2013): 305-12.

11. D. Hranilovic et al., "Hyperserotonemia in Adults with Autistic Disorder,"*Journal of Autism and Developmental Disorders* 37, no. 10 (2007): 1934-40.

12. D. F. MacFabe et al., "Effects of the Enteric Bacterial Metabolic Product Propionic Acid on Object-Directed Behavior, Social Behavior, Cognition, and Neuroinflammation in Adolescent Rats: Relevance to Autism Spectrum Disorder,"*Behavioural Brain Research* 217, no. 1 (2011): 47-54.

13. B. Chassaing et al., "Dietary Emulsifiers Impact the Mouse Gut Microbiota Promoting Colitis and Metabolic Syndrome," *Nature* 519, no. 7541 (2015): 92-96.

14. B. Chassaing et al., "Dietary Emulsifiers Directly Alter Human Microbiota Composition and Gene Expression Ex Vivo Potentiating Intestinal Inflammation," *Gut* 66, no. 8 (2017): 1414-27.

15. M. S. Desai et al., "A Dietary Fiber-Deprived Gut Microbiota Degrades the Colonic Mucus Barrier and Enhances Pathogen Susceptibility,"*Cell* 167, no. 5 (2016): 1339-53.

16. K. Segawa et al., "Peptic Ulcer Is Prevalent among Shift Workers," *Digestive Diseases and Sciences* 32, no. 5 (1987): 449-53.

17. R. Shaker et al., "Nighttime Heartburn Is an Under-Appreciated Clinical Problem That Impacts Sleep and Daytime Function: The Results of a Gallup Survey Conducted on Behalf of the American Gastroenterological Association," *American Journal of Gastroenterology* 98, no. 7 (2003): 1487-93.

18. J. Leonard, J. K. Marshall, and P. Moayyedi, "Systematic Review of the Risk of Enteric Infection in Patients Taking Acid Suppression," *American Journal of Gastroenterology* 102, no. 9 (2007): 2047-56.

19. R. J. Hassing et al., "Proton Pump Inhibitors and Gastroenteritis,"*European Journal of Epidemiology* 31, no. 10 (2016): 1057-63.

20. T. Antoniou et al., "Proton Pump Inhibitors and the Risk of Acute Kidney Injury in Older Patients: A Population-Based Cohort Study,"*CMAJ Open* 3, no. 2 (2015): E166-71.

21. M. L. Blank et al., "A Nationwide Nested Case-Control Study Indicates an Increased Risk of Acute Interstitial Nephritis with Proton Pump Inhibitor Use,"*Kidney International* 86, no. 4 (2014): 837-44.

22. P. Malfertheiner, A. Kandulski, and M. Venerito, "Proton-Pump Inhibitors: Understanding the Complications Complications and Risks,"*Nature Reviews: Gastroenterology & Hepatology* 14, no. 12 (2017): 697-710.

23. T. Ito and R. T. Jensen, "Association of Long-Term Proton Pump Inhibitor Therapy with Bone Fractures and Effects on Absorption of Calcium, Vitamin B12, Iron, and Magnesium," *Current Gastroenterology Reports* 12, no. 6 (2010): 448-57.

第10章

1. National Institute of Diabetes and Digestive and Kidney Diseases, "Health Risks of Being Overweight," https://www.niddk.nih.gov/health-information/weight-management/health-risks-overweight.

2. Y. Ma et al., "Association Between Eating Patterns and Obesity in a Free-Living US Adult Population," *American Journal of Epidemiology* 158, no. 1 (2003): 85-92.

3. A. K. Kant and B. I. Graubard, "40-Year Trends in Meal and Snack Eating Behaviors of American Adults," *Journal of the Academy of Nutrition and Dietetics* 115, no. 1 (2015): 50-63.

4. S. Gill and S. Panda, "A Smartphone App Reveals Erratic Diurnal Eating Patterns in Humans That Can Be Modulated for Health Benefits," *Cell Metabolism* 22, no. 5 (2015): 789-98.

5. N. J. Gupta, V. Kumar, and S. Panda, "A Camera-Phone Based Study Reveals Erratic Eating Pattern and Disrupted Daily Eating-Fasting Cycle among Adults in India," *PLoS ONE* 12, no. 3 (2017): e0172852.

6. A. J. Stunkard, W. J. Grace, and H. G. Wolff, "The Night-Eating Syndrome: A Pattern of Food Intake among Certain Obese Patients," *American Journal of Medicine* 19, no. 1 (1955): 78-86.

7. E. Takeda et al., "Stress Control and Human Nutrition," *Journal of Medical Investigation* 51, no. 3-4 (2004): 139-45.

8. Z. Liu et al., "PER1 Phosphorylation Specifies Feeding Rhythm in Mice," *Cell Reports* 7, no. 5 (2014): 1509-20.

9. T. Tuomi et al., "Increased Melatonin Signaling Is a Risk Factor for Type 2 Diabetes," *Cell Metabolism* 23, no. 6 (2016): 1067-77.

10. M. Watanabe et al., "Bile Acids Induce Energy Expenditure by Promoting Intracellular Thyroid Hormone Activation," *Nature* 439, no. 7075 (2006): 484-89.

11. A. Chaix et al., "Time-Restricted Feeding Is a Preventative and Therapeutic Intervention against Diverse Nutritional Challenges," *Cell Metabolism* 20, no. 6 (2014): 991-1005.

12. P. N. Hopkins, "Molecular Biology of Atherosclerosis," *Physiological Reviews* 93, no. 3 (2013): 1317-1542.

13. D. Montaigne et al., "Daytime Variation of Perioperative Myocardial Injury in Cardiac Surgery and Its Prevention by Rev-Erbα Antagonism: A Single-Centre Propensity-Matched Cohort Study and a Randomised Study," *Lancet* 391, no. 10115 (2017): 59-69.

第11章

1. C. N. Bernstein et al., “Cancer Risk in Patients with Inflammatory Bowel Disease: A Population-Based Study,”*Cancer* 91, no. 4 (2001): 854-62.

2. N. B. Milev and A. B. Reddy, “Circadian Redox Oscillations and Metabolism,”*Trends in Endocrinology and Metabolism* 26, no. 8 (2015): 430-37.

3. N. Martinez-Lopez et al., “System-Wide Benefits of Internal Fasting by Autophagy,” *Cell Metabolism* 26, no. 6 (2017): 856-71.

4. D. Cai et al., “Local and Systemic Insulin Resistance Resulting from Hepatic Activation of IKK-beta and NF-kappaB,”*Nature Medicine* 11, no. 2 (2005): 183-90.

5. R. Narasimamurthy et al., “Circadian Clock Protein Cryptochrome Regulates the Expression of Proinflammatory Cytokines,” *Proceedings of the National Academy of Sciences of the United States of America* 109, no. 31 (2012): 12662-67.

6. T.D.Girard et al., “Delirium as a Predictor of Long-Term Cognitive Impairment in Survivors of Critical Illness,”*Critical Care Medicine* 38, no. 7 (2010): 1513-20.

7. S. Arumugam et al., “Delirium in the Intensive Care Unit,”*Journal of Emergencies, Trauma, and Shock* 10, no. 1 (2017): 37-46.

8. B. van Rompaey et al., “ The Effect of Earplugs during the Night on the Onset of Delirium and Sleep Perception: A Randomized Controlled Trial in Intensive Care Patients,” *Critical Care* 16, no. 3 (2012): article no. R73.

9. A. Reinberg and F. Levi, “Clinical Chronopharmacology with Special Reference to NSAIDs,” *Scandinavian Journal of Rheumatology: Supplement* 65(1987): 118-22.

10. I.C.Chikanza, “Defective Hypothalamic Response to Immune and Inflammatory Stimuli in Patients with Rheumatoid Arthritis,” *Arthritis Rheumatism* 35, no. 11 (1992): 1281-88.

11. F. Buttgereit et al., “Efficacy of Modified-Release versus Standard Prednisone to Reduce Duration of Morning Stiffness of the Joints in Rheumatoid Arthritis (CAPRA-1): A Double-Blind, Randomised Controlled Trial,” *Lancet* 371, no. 9608 (2008): 205-14.

12. A. Ballesta et al., “Systems Chronotherapeutics,”*Pharmacological Reviews* 69, no. 2 (2017): 161-99.

13. K. Spiegel, J. F. Sheridan, and E. van Cauter, “Effect of Sleep Deprivation on Response to Immunization,”*JAMA: The Journal of the American Medical Association* 288, no. 12 (2002): 1471-72.

14. J. E. Long et al., “Morning Vaccination Enhances Antibody Response over Afternoon Vaccination: A Cluster-Randomised Trial,”*Vaccine* 34, no. 24 (2016): 2679-85.

15. O. Castanon-Cervantes, “Dysregulation of Inflammatory Responses by Chronic Circadian Disruption,”*Journal of Immunology* 185, no. 10 (2010): 5796-805.

16. Y. M. Cissé et al., “Time-Restricted Feeding Alters the Innate Immune Response to

Bacterial Endotoxin," *Journal of Immunology* 200, no. 2 (2018): 681-87.

17. J. Samulin Erdem et al., "Mechanisms of Breast Cancer Risk in Shift Workers: Association of Telomere Shortening with the Duration and Intensity of Night Work," *Cancer Medicine* 6, no. 8 (2017): 1988-97.

18. C. R. Marinac et al., "Prolonged Nightly Fasting and Breast Cancer Risk: Findings from NHANES (2009-2010)," *Cancer Epidemiology, Biomarkers & Prevention* 24, no. 5 (2015): 783-89.

19. E. Filipski et al., "Effect of Light and Food Schedules on Liver and Tumor Molecular Clocks in Mice,"*Journal of the National Cancer Institute* 97, no. 7 (2005): 507-17.

20. M. W. Wu et al., "Effects of Meal Timing on Tumor Progression in Mice," *Life Sciences* 75, no. 10 (2004): 1181-93.

21. W. J. Hrushesky, "Circadian Timing of Cancer Chemotherapy,"*Science* 228, no.4695 (1985): 73-75.

22. R. Dallmann, A. Okyar and F. Levi, "Dosing-Time Makes the Poison: Circadian Regulation and Pharmacotherapy,"*Trends in Molecular Medicine* 22, no. 5 (2016): 430-35.

23. F. Levi et al., "Oxaliplatin Activity Against Metastatic Colorectal Cancer. A Phase II Study of 5-Day Continuous Venous Infusion at Circadian Rhythm Modulated Rate,"*European Journal of Cancer* 29A, no.9 (1993): 1280-84.

24. T. Matsuo et al., "Control Mechanism of the Circadian Clock for Timing of Cell Division In Vivo,"*Science* 302, no. 5643 (2003): 255-59.

25. M. V. Plikus et al., "Local Circadian Clock Gates Cell Cycle Progression of Transient Amplifying Cells during Regenerative Hair Cycling,"*Proceedings of the National Academy of Sciences of the United States of America* 110, no. 23 (2013): E2106-15.

26. S. Kiessling et al., "Enhancing Circadian Clock Funciton in Cancer Cells Inhibits Tumor Growth,"*BMC Biology* 15 (2017): article no. 13.

27. G. Sulli et al., "Pharmacological Activation of REV-ERBs Is Lethal in Cancer and Oncogene-Induced Senescence,"*Nature* 553, no. 7688 (2018): 351-55.

28. J. Marescaux et al., "Transatlantic Robot-Assisted Telesurgery," *Nature* 413, no. 6854 (2001): 379-80.

29. J. Marescaux et al., "Transcontinental Robot-Assisted Telesurgery: Feasibility and Potential Applications,"*Annals of Surgery* 235, no. 4 (2002): 487-92.

30. C. R. Marinac et al., "Prolonged Nightly Fasting and Breast Cancer Prognosis," *JAMA Oncology* 2, no. 8 (2016): 1049-55.

第12章

1. P. S. Eriksson et al., "Neurogenesis in the Adult Human Hippocampus," *Nature Medicine* 4, no. 11 (1998): 1313-17.

2. R. Noseda et al., "A Neural Mechanism for Exacerbation of Headache by Light,"

Nature Neuroscience 13, no. 2 (2010): 239-45.

3. J. Kim et al., "Implications of Circadian Rhythm in Dopamine and Mood Regulation," *Molecules and cells* 40, no. 7 (2017): 450-56.

4. G. E. Davis and W. E. Lowell, "Evidence That Latitude Is Directly Related to Variation in Suicide Rates," *Canadian Journal of Psychiatry* 47, no. 6 (2002):572-74.

5. T.Terao et al., "Effect of Latitude on Suicide Rates in Japan," *Lancet* 360, no. 9348 (2002): 1892.

6. C. L. Drake et al., "Shift Work Sleep Disorder: Prevalence and Consequences beyond That of Symptomatic Day Workers," *Sleep* 27, no. 8 (2004): 1453-62.

7. A. Azzi et al., "Network Dynamics Mediate Circadian Clock Plasticity," *Neuron* 93, no. 2 (2017): 441-50.

8. A. Azzi et al., "Circadian Behavior Is Light-Reprogrammed by Plastic DNA Methylation," *Nature Neuroscience* 17, no. 3 (2014): 377-82.

9. C. J. Madrid-Navarro et al., "Disruption of Circadian Rhythms and Delirium, Sleep Impairment and Sepsis in Critically Ill Patients: Potential Therapeutic Implications for Increased Light-Dark Contrast and Melatonin Therapy in an ICU Environment," *Current Pharmaceutical Design* 21, no. 24 (2015): 3453-68.

10. S. Vάsquez-Ruiz et al., "A Light/Dark Cycle in the NICU Accelerates Body Weight Gain and Shortens Time to Discharge in Preterm Infants," *Early Human Development* 90, no. 9 (2014): 535-40.

11. K. Wulff et al., "Sleep and Circadian Rhythm Disruption in Psychiatric and Neurodegenerative Disease," *Nature Reviews: Neuroscience* 11, no. 8 (2010): 589-99.

12. L. Xie et al., "Sleep Drives Metabolite Clearance from the Adult Brain," *Science* 342, no. 6156 (2013): 373-77.

13. J. Mattis and A. Sehgal, "Circadian Rhythms, Sleep, and Disorders of Aging," *Trends in Endocrinology and Metabolism* 27, no. 4 (2016): 192-203.

14. J. E. Kang et al., "Amyloid-β Dynamics Are Regulated by Orexin and the Sleep-Wake Cycle," *Science* 326, no. 5955 (2009): 1005-7.

15. A. Di Meco, Y. B. Joshi, and D. Pratico, "Sleep Deprivation Impairs Memory, Tau Metabolism, and Synaptic Integrity of a Mouse Model of Alzheimer's Disease with Plaques and Tangles," *Neurobiology of Aging* 35, no. 8 (2014): 1813-20.

16. J. Vienne et al., "Age-Related Reduction of Recovery Sleep and Arousal Threshold in *Drosophila*," *Sleep* 39, no. 8 (2016): 1613-24.

17. A. Chaix and S. Panda, "Ketone Bodies Signal Opportunistic Food-Seeking Activity," *Trends in Endocrinology & Metabolism* 27, no. 6 (2016): 350-52.

18. R. Chavan et al., "Liver-Derived Ketone Bodies Are Necessary for Food Anticipation," *Nature Communications* 7 (2016): article no. 10580.

19. M. P. Mattson, "Lifelong Brain Health Is a Lifelong Challenge: From Evolutionary Principles to Empirical Evidence," *Ageing Research Reviews* 20 (2015): 37-45.

20. H.B. Wang et al., "Time-Restricted Feeding Improves Circadian Dysfunction as Well as Motor Symptoms in the Q175 Mouse Model of Huntington's Disease," *eNeuro* 5, no. 1 (2018): doi: 10.1523/ENEURO.0431-17.2017.

21. M. C. Yoon et al., "Treadmill Exercise Suppresses Nigrostriatal Dopaminergic Neuronal Loss in 6-Hydroxydopamine-Induced Parkinson's Rats," *Neuroscience Letters* 423, no. 1 (2007): 12-17.

22. C. W. Cotman, N. C. Berchtold, and L. A. Christie, "Exercise Builds Brain Health: Key Roles of Growth Factor Cascades and Inflammation," *Trends in Neurosciences* 30, no. 9 (2007): 464-72.

23. A. J. Bruce-Keller et al., "Food Restriction Reduces Brain Damage and Improves Behavioral Outcome Following Excitotoxic and Metabolic Insults," *Annals of Neurology* 45, no. 1 (1999): 8-15.

24. M. L. Inder, M. T. Crowe, and R. Porter, "Effect of Transmeridian Travel and Jetlag on Mood Disorders: Evidence and Implications," *Australian and New Zealand Journal of Psychiatry* 50, no. 3 (2016): 220-27.

25. L. Yin et al., "Nuclear Receptor Rev-erba Is a Critical Lithium-Sensitive Component of the Circadian Clock," *Science* 311, no. 5763 (2006): 1002-5.

26. Emily Manoogian, "A Prized Life: A Glimpse into the Life of Nobel Laureate, Dr. Roger Guillemin," *myCircadianClock* (blog), May 6, 2016, http://blog.mycircadianclock.org/a-prized-life-a-glimpse-into-the-life-of-nobel-laureate-dr-roger-guillemin/.

图书在版编目(CIP)数据

昼夜节律的密码：减肥，优化体质，改善睡眠 /（美）萨钦·潘达著；徐璎，董莺莺，徐扬歌译.—南京：南京大学出版社，2022.7

（中国细胞生物学学会科普系列 / 徐璎主编）

书名原文：The Circadian Code：Lose Weight，Supercharge Your Energy，and Transform Your Health from Morning to Midnight

ISBN 978-7-305-24914-3

Ⅰ. ①昼… Ⅱ. ①萨… ②徐… ③董… ④徐… Ⅲ. ①昼夜节律一普及读物 Ⅳ. ①Q418-49

中国版本图书馆 CIP 数据核字(2021)第 175736 号

出版发行 南京大学出版社
社　　址 南京市汉口路 22 号　　　邮　编 210093
出 版 人 金鑫荣

丛 书 名 中国细胞生物学学会科普系列
书　　名 昼夜节律的密码：减肥，优化体质，改善睡眠
著　　者 [美] 萨钦·潘达
译　　者 徐　璎　董莺莺　徐扬歌
责任编辑 郭艳娟

照　　排 南京紫藤制版印务中心
印　　刷 徐州绪权印刷有限公司
开　　本 718×1000　1/16　印张 16.25　字数 220 千
版　　次 2022 年 7 月第 1 版　2022 年 7 月第 1 次印刷
ISBN 978-7-305-24914-3
定　　价 68.00 元

网　　址 http://www.njupco.com
官方微博 http://weibo.com/njupco
官方微信 njupress
销售热线 025-83594756

本书仅是参考用书,并不是医学指南。书中提供的信息旨在协助您针对自己的健康情况做出明智的决策。本书的意图并不是替代您的医生可能已经提出的任何治疗方案。如果您怀疑自己遇到了身心上的问题,我们敦促您寻求有资质的医疗帮助。

江苏省版权局著作权合同登记　图字:10-2019-033号